中国沼气行业的
双碳贡献

王凯军　董仁杰　
罗　娟　郭建斌　著

清华大学出版社
北京

内 容 简 介

本书围绕农业农村、城市以及工业三个领域的生物废弃物的厌氧消化处理,对我国沼气行业建设成效、发展现状、问题与经验等进行系统梳理,对沼气行业先进技术与典型模式进行总结。综合考虑未来经济社会发展、人民生活质量提升以及人口变化规律对农业生产和废弃物管理的影响,提出基于沼气工程的畜禽粪便管理、水稻生产和稻秸离田以及废弃物处理理念,展望 2025 年、2030 年和 2060 年三个时间节点中国沼气产气潜力、基于沼气能源的温室气体减排贡献以及甲烷减排贡献。最后,提出推动中国沼气行业发展、提高双碳贡献的政策建议,以期为相关部门制定双碳战略和甲烷减排目标提供清晰的技术支持与政策依据。

本书力求围绕碳中和与甲烷减排战略需求,基于基础理论、典型案例及翔实数据,为教学科研提供参考,为从业人员提供指导,为管理决策提供依据。

图书在版编目(CIP)数据

中国沼气行业的双碳贡献/王凯军等著.—北京:清华大学出版社,2023.7
ISBN 978-7-302-64200-8

Ⅰ. ①中… Ⅱ. ①王… Ⅲ. ①沼气工程－二氧化碳－节能减排－研究－中国
Ⅳ. ①S216.4②X511

中国国家版本馆 CIP 数据核字(2023)第 137835 号

责任编辑:王向珍
封面设计:陈国熙
责任校对:王淑云
责任印制:丛怀宇

出版发行:清华大学出版社
   网 址:http://www.tup.com.cn,http://www.wqbook.com
   地 址:北京清华大学学研大厦 A 座 邮 编:100084
   社 总 机:010-83470000   邮 购:010-62786544
   投稿与读者服务:010-62776969,c-service@tup.tsinghua.edu.cn
   质量反馈:010-62772015,zhiliang@tup.tsinghua.edu.cn
印 装 者:小森印刷(北京)有限公司
经 销:全国新华书店
开 本:175mm×245mm 印 张:11.75 字 数:141 千字
版 次:2023 年 8 月第 1 版   印 次:2023 年 8 月第 1 次印刷
定 价:118.00 元

产品编号:102317-01

前　言

　　中国沼气使用的悠久历史可以追溯到宋朝。在 20 世纪 20 年代后期，国瑞瓦斯灯商行（罗国瑞沼气商号）本着能源救国的理念，开始了沼气商业化的最初尝试。中华人民共和国成立后，党和国家始终高度重视沼气事业的发展。1958 年毛泽东主席在武汉、安徽等地视察农村沼气使用情况时指出，沼气又能点灯，又能做饭，又能作肥料，要大力发展，要好好推广。针对大规模畜禽养殖场粪污处理和资源化问题，2016 年 12 月，习近平总书记在中央财经领导小组第十四次会议上提出"以沼气和生物天然气为主要处理方向，以就地就近用于农村能源和农用有机肥为主要使用方向"，将沼气事业提高到农村能源、农用有机肥和环境治理的高度。

　　我国沼气事业的发展经历了初始发展、技术成熟、快速发展、建管并重、转型升级五个阶段。国家投入专项资金用于户用沼气池和各种类型沼气工程建设，推动农村沼气转型升级，发展大型沼气工程和生物天然气工程。截至 2020 年，中国户用沼气从最高 4200 万口逐渐回落到 3200 万口，各类沼气工程超过 11 万处，形成年产沼气 200 多亿 m^3 的规模。经过长期的探索与发展，中国拥有从家庭沼气池到大型、超大型沼气工程的各种发展水平的沼气技术，推广规模全球第一，应用领域实现了农业农村、城市和工业领域的全覆盖。

　　2020 年 9 月，习近平总书记在第七十五届联合国大会一般性辩论上郑重向全世界宣布：中国将提高国家自主贡献力度，采取更加有力的政策和措施，二氧化碳排放力争于 2030 年前达到峰值，努力争取 2060 年前实现碳中和。2021 年年初，中央一号文件明确提出将全面推进乡村振兴，加快农业农村现代化。这些都为中国沼气行业的持续发展，沼气产业的不断壮大，沼气事业的再次辉煌指明了方向，确定了目标。

我国"碳中和"历程

- 1997 年，各国签订了《联合国气候变化框架公约的京都议定书》（简称《京都议定书》），这是首份具有法律约束力的全面气候变化协议，在国家层面首次设定强制性减排目标。由于世界上最大的排放国——美国未通过该议定书，《京都议定书》搁浅。
- 2009 年，哥本哈根气候大会，第一次统一设定温室气体排放限额，但未达成具有法律约束力的条约。
- 2015 年 12 月 12 日，《巴黎协定》签订，标志着哥本哈根会议之后"减排裸奔时代"的终结。
- 2020 年 9 月 22 日，在联合国大会上习主席明确提出：中国二氧化碳排放力争 2030 年前达到峰值，努力争取 2060 年前实现碳中和。
- 2021 年 3 月 15 日，中央财经委员会第九次会议习近平主席强调：把碳达峰、碳中和纳入生态文明建设整体布局。
- 2021 年 4 月，国家主席习近平在全球领导人气候峰会上宣布决定接受《〈蒙特利尔议定书〉基加利修正案》，加强非二氧化碳温室气体管控。
- 2021 年 11 月，中美两国联合发布《中美关于在 21 世纪 20 年代强化气候行动的格拉斯哥联合宣言》，明确加大行动控制和减少甲烷排放。

国家第二次污染普查表明，水土主要污染物有大约 75％ 来自农业农村，而农业农村的主要污染物是生物废弃物。为落实"双碳"战略，国家"十四五"规划和 2035 远景纲要指出，以减污降碳协同增效为总抓手，污染治理向农村、乡镇延伸。

沼气工程利用厌氧发酵微生物处理各种生物废弃物、生产清洁能源和农用有机肥，一直在为中国环境保护、能源安全、减排固碳发挥着默默无闻但极为重要的作用。国家"双碳"战略的实施为中国沼气事业开辟了一条快速高质量发展之路,创造了更多新的增长空间和新的盈利模式。

2021 年 4 月,国家主席习近平在全球领导人气候峰会上宣布决定接受《〈蒙特利尔议定书〉基加利修正案》,加强非二氧化碳温室气体管控;同年 11 月,中美两国联合发布《中美关于在 21 世纪 20 年代强化气候行动的格拉斯哥联合宣言》,明确加大行动控制和减少甲烷排放。甲烷是一种短生命周期温室气体,100 年周期内温室效应是二氧化碳的 28 倍,20 年周期内则是二氧化碳的 81 倍。作为人类活动排放的第二大温室气体,未来 30 年如果甲烷减排 50％将使全球温升降低 0.18℃。甲烷减排是短期内应对气候变化的有效手段。

气候与清洁空气联盟和联合国环境规划署 2021 年 5 月联合发布的《全球甲烷评估:减少甲烷排放的收益和成本》报告指出,农牧业和城乡生物废弃物产生的甲烷量占全球人类活动甲烷排放总量的 60％(约 32％来自牲畜的排泄物和肠道发酵,20％来自废物处理,8％来自水稻种植),剩余 40％来自能源和其他领域。在《中华人民共和国气候变化第二次两年更新报告》中,2014 年我国农业活动和废弃物处理甲烷排放占全国排放总量的 52.1％(约 23.5％来自动物粪便管理和肠道发酵,16.1％来自水稻种植,11.9％来自废弃物处理,0.6％来自农业废弃物田间燃烧),其余 44.8％来自能源活动,3.1％来自土地利用与林业。可见,城乡生物废弃物处理是甲烷减排的最大战场。

来自生物废弃物处理的甲烷减排不外乎三种途径,即消除生物废弃物、创造有氧环境、收集甲烷。沼气工程完美地创造了厌氧环境并收集甲烷,实现了生物废弃物处理的多重效益,是除能源和反刍动物肠道甲烷之外的最重要、最有效、最可行和最经济的甲烷减排技术手段。

沼气工程处理生物废弃物、生产清洁能源和农用有机肥、改善耕地质量和增加土壤碳汇，并最大限度地实现温室气体减排，尤其是甲烷减排。中国沼气行业一直为中国减排固碳、循环利用、绿色发展、环境保护、能源安全做着应有的贡献。我们相信，在"双碳"和乡村振兴战略目标下，中国沼气行业将会为中国的节能减排和生态文明建设以及高质量发展发挥更大的作用，同时也会为中国沼气行业健康持续发展创造更多新的增长空间和更多新的盈利模式。本书由清华大学、中国农业大学等国内 22 个单位 50 余名多领域资深专家学者经过长达一年半时间，围绕农业农村、城市以及工业三个领域的生物废弃物的厌氧消化处理，对我国沼气行业建设成效、发展现状、问题与经验等进行反复研讨、系统梳理，对沼气行业先进技术与典型模式进行凝练总结。综合考虑未来经济社会发展、人民生活质量提升以及人口变化规律对农业生产和废弃物管理的影响，提出了基于沼气工程的畜禽粪便管理、水稻生产和稻秸离田以及废弃物处理理念，展望 2025 年、2030 年和 2060 年三个时间节点中国沼气产气潜力、基于沼气能源的温室气体减排贡献以及甲烷减排贡献。最后，提出推动中国沼气行业发展、提高双碳贡献的政策建议，以期为相关部门制定双碳战略和甲烷减排目标提供清晰的技术与政策依据。

本书力求围绕碳中和与甲烷减排战略需求，基于基础理论、典型案例及翔实数据，为教学科研提供参考，为从业人员提供指导，为管理决策提供依据。由于行业特点，读者阅读习惯，书中某些单位延用非法定单位表示形式，特此说明。

本书沼气工程篇中农业农村领域由李秀金、柳珊、邓良伟、董保成、赵立欣、周宇光、乔玮、袁海荣、徐文勇、罗娟、郑丹、杨红男、鞠鑫鑫撰写，城市领域由任连海、王攀、徐海云、郭含文、聂小琴、孟星尧、鲁嘉欣、张进锋、阎中、李彩斌、甘海南、金慧宁、孙荣、彭光霞、李伟、林雨佳撰写，工业领域由李兵、周俊、孙晓峰、刘云洲、张自强、程言君、张永刚、薛鹏丽、段冠军、孙晓东、王瑞撰写；甲烷减排篇第 4 章由郭建斌、鞠鑫鑫、孙辉、吴根义、柳王荣撰写，第 5 章由郭建斌、孙辉、鞠鑫鑫、冯永忠、王兴撰写，第 6 章由徐海云、聂小琴撰写，第 7 章由董欣、刘艳臣、刘建国撰写，第 8 章由鞠鑫鑫汇总；结论与展望由王凯军、董仁杰撰写；全书统稿由罗娟负责，刘秋琳、石川、刘越、吴厚凯参与统稿。来自沼气工程界的同行为本书提供了大量宝贵的研究案例和资料文献，在此表示衷心的感谢。

限于时间、资料和作者水平，不足之处在所难免，欢迎社会各界朋友提出宝贵意见和建议，共同为我国顺利实现双碳战略和甲烷减排目标，为沼气工程事业的健康发展而努力！

著　者

2023 年 5 月

目　录

结论与展望

第0章　绪　论

进入21世纪第二个十年以来,国家先后提出了"双碳"战略、非二氧化碳温室气体减排、"十四五"发展规划和2035远景纲要,指出以减污降碳协同增效作为总抓手,污染治理向农村向乡镇延伸。生物质废物直接产生沼气替代化石能源、甲烷减排是应对气候变化最经济、最有效的手段,也成为国际共识。沼气工程利用厌氧发酵微生物处理各种生物废弃物、阻断甲烷排放、生产清洁能源和农用有机肥、改善耕地质量和增加土壤碳汇,一直在为中国环境保护、能源安全、减排固碳发挥着默默无闻但举足轻重的作用。在"双碳"战略和甲烷减排目标下,中国沼气事业将迎来快速高质量发展的新时代。

《中国沼气行业的双碳贡献》由沼气工程篇、甲烷减排篇、结论与展望三部分组成。

沼气工程篇围绕畜禽粪便、农作物秸秆、城市污泥、垃圾填埋气、餐厨及厨余垃圾、工业废水等城乡生物废弃物,分别从沼气工程技术工艺模式等行业发展现状、生物废弃物产沼资源量、沼气产能及能源替代二氧化碳减排潜力三个部分展开,对2025年、2030年、2060年三个时间段沼气行业发展趋势以及沼气生产潜力进行分析、做出判断。文中提出在生物质、有机废物处理利用上应该遵循"应气尽气"的原则,沼气产生在可再生能源生产和二氧化碳减排中将发挥主力军作用。

我国是世界上沼气开发利用最早的国家之一,其历史可以追溯到宋朝利用淘米水生产沼气。中华人民共和国成立后,党和国家始终高度重视沼气事业的发展,国家将农村沼气建设放在解决农村能源供应的重要位置。在全国形成了从中央到省、地、县较为完整的沼气行业行政管理及技术推广体系。近20年,中央政府为了推动农村沼气行业的发展,先后通过中央预算内资金和国债资金投入总计超过480亿元,农村沼气行业成功实现由户用沼气发展到各种类型的沼气工程及规模化生物天然气工程的转型升级,基本建立并健全了沼气的标准化体系,沼气技术也实现了突破,积累了一批有价值、可推广、可复制的成熟技术模式。中国拥有从家庭沼气池到大型、超大型沼气工程的各种发展水平的沼气技术,推广规模全球第一。

近20年,国家推动农村沼气由户用沼气向沼气工程及规模化生物天然气工程转型升级,在城市生物废弃物处理领域的沼气工程建设得益于国家发展改革委在全国启动的100多个餐厨废弃物试点工作。随着全国城市生活垃圾资源化利用率目标在2025年达到60%和在2035年前全面实施城市生活垃圾分类,生活垃圾中的生物废弃物成为沼气工程的优质原料资源。

在高浓度工业废水处理方面,升流污泥床式厌氧反应器(UASB)在20世纪80年代实现国产化,并在第三代厌氧发酵工艺膨胀颗粒污泥床式厌氧反应器(EGSB)方面达到国际同等发达水平。2009年,我国工业废水沼气工程已经超过2000座。随着工业行业污染控制、碳减排等需求以及产能的进一步提升,新建、改扩建项目预期将进一步释放市场需求,工业废水沼气工程存在巨大的市场潜力。

我国沼气工程从预处理、厌氧工艺、沼气净化提纯以及沼液沼渣综合利用等方面,基本达到可以依据原料特性、产业特点,形成与行业政策相符的发展模式,初步实现了废弃生物质资源的肥料化和能源化的资源化利用,并在一些项目上取得了较好的环境效益与经济效益。我国沼气行业涌现了一大批以全混合厌养反应器(CSTR)、UASB 和 EGSB 等稳定和高效厌氧反应器为代表的工程示范项目,实现了供热、发电和提纯生物天然气等多种成功的沼气应用模式。

综上所述,我国工农业生产废水和废物以及城市生活有机垃圾产生量巨大,同时减污降碳也有巨大的潜力。通过行业努力可以在环境综合整治、有机废弃物资源化利用和固碳减排三个方面发挥协同效应,实现生态环境保护、资源循环利用和可再生能源替代的"三重功能"。

生物废弃物主要包括农业农村生物废弃物、城市生物废弃物、工业废水等,都可以用不同沼气工程技术加以处理,以降低环境污染负担、生产清洁能源。当前上述三类生物废弃物的表观质量(不考虑不同废弃物含固率的不同)分别约为 42.7 亿 t、3.6 亿 t、65.4 亿 t,考虑生物废弃物产生量和沼气化利用率随着时代的发展及政策的激励而变化,预测到 2030 年可获得沼气生产潜力约为 1630 亿 m^3,到 2060 年达到 3690 亿 m^3。如果按照"应气尽气"原则将上述废弃物全部用于沼气生产,可产生沼气的最大潜力超过 5000 亿 m^3,其甲烷含量超过 2021 年全年天然气进口量;沼气能源替代可实现温室减排潜力 9.6 亿 t CO_2 当量,接近全国温室气体排放量的 10%。

但是,目前全国累计用于生产沼气的生物废弃物占比不足 10%,既说明生物废弃物的沼气生产潜力远远没有得到发挥,也说明沼气工程的未来发展潜力巨大,这是一个数万亿的新型能源市场。

本书中甲烷减排篇聚焦我国常规能源与反刍动物肠道甲烷

排放之外的农业生产与生物废弃物处理的甲烷排放与减排,包括畜禽粪便管理、水稻生产、其他城乡生物废弃物与污水处理。在现有甲烷排放水平的基础上,设定低、中、高三种减排情景,评估了 2025 年、2030 年、2060 年我国农业生产与生物废弃物处理的甲烷排放水平,理清了沼气工程在农业农村甲烷减排中的主力军作用。

在畜禽粪便管理领域,只有力行"应气尽气",提高畜禽粪污沼气化处理比例到"高"的水平,才能保证今后甲烷排放逐步降低,且 2025 年、2030 年、2060 年甲烷排放分别比 2020 年降低 4.6%、30.1%和 76.1%。2025 年、2030 年、2060 年高减排情景比低减排情景分别减排 24.5%、50.4%和 81.8%。

在稻田管理领域,消除稻田中有机质的产甲烷潜力,"稻秸离田沼渣还田",是解决稻田甲烷排放的根本途径。2025 年、2030 年、2060 年高减排情景比低减排情景分别减排 6.1%、11.9%和 21.7%。稻田甲烷 2025 年的排放仍然高于 2020 年的原因在于提高了稻秸还田率,总体上增加了稻田的甲烷排放。事实上 2060 年高减排情景下,如果实现 100%还田稻秸的沼气化,相对于低减排情景,2060 年可实现甲烷减排 30%以上。

在城乡垃圾处理领域,"垃圾焚烧"是甲烷减排的关键,2025 年(320 万 t)、2030 年(131 万 t)、2060 年(41 万 t)比 2020 年(657.9 万 t)排放降低 51.4%、80.1%和 93.8%。由于城乡生活垃圾中的生物废弃物不易分拣且难以作为还田肥料,直接焚烧以消除甲烷排放并能获得能量,得到业界的认可。在城乡污水处理领域,"取消化粪池"是甲烷减排的关键,2025 年(248.3 万 t)、2030 年(206.2 万 t)、2060 年(14.6 万 t)比 2020 年(约 291.1 万 t)甲烷排放降低 14.7%、29.2%和 95.0%。

比较各领域各年度不同减排情景下的甲烷排放量及沼气工

程使用情况,高减排情景下 2030 年和 2060 年甲烷排放总量分别为 1403.4 万 t 和 909.3 万 t,与 2020 年估测值(2113.7 万 t)相比,总排放量分别下降 33.6%和 57.0%。2030 年开始,沼气工程甲烷减排的贡献主要来自粪便管理、稻秸离田和沼渣还田利用。

针对我国"双碳"战略、乡村振兴等战略、"十四五"发展规划与 2035 远景纲要,以及全球甲烷减排目标,理清沼气工程在经济社会环境可持续发展中的五大功能,提出推动城乡生物废弃物"应气尽气",建设沼气工程以充分收集甲烷生产清洁能源,提高沼气工程技术水平和运营管理能力以尽量减少甲烷泄漏,完善沼气工程排放核算方法学及监测、核证、报告系统以科学评估减排贡献。

基于沼气工程在可再生能源生产,中国"30""60"双碳目标实现方面的核心作用,应在乡村振兴战略中将沼气工程及相关设备设施纳入公共基础设施建设,预计 2025 年、2030 年和 2060 年需要投入建设资金 3000 亿元、4600 亿元、10000 亿元。

由于沼气在能源替代方面的重要作用,建议应按等当量热值对等原则对沼气工程的能源产出给予每立方米沼气 0.3~0.5 元的财政补贴;或构建可再生能源配额机制,在国家明确能源消费中可再生能源比例的前提下,由市场决定沼气和生物天然气及其衍生产品的价值。

基于沼气工程在温室气体尤其是甲烷减排方面的突出贡献,应参照甲烷减排国际平均成本或国内能源行业甲烷减排平均成本,为每吨甲烷减排提供 2000~5000 元的补贴;或构建甲烷减排交易机制,在国家明确甲烷减排任务的前提下,由市场决定甲烷减排的收益。

总之,通过创新和提升沼气工程技术和运营水平,建立沼气工程排放核算体系、支持政策和激励机制,推动城乡生物废弃物处理"应气尽气",发挥沼气工程的主力军作用,处理生物废弃物,保护环境,生产清洁能源和农用有机肥,提升耕地质量和增加土壤碳汇,减少温室气体尤其是甲烷排放,保障国家"双碳"战略、乡村振兴和甲烷减排目标的早日实现。

沼气工程篇

第1章 沼气行业发展现状

沼气工程是实现绿色能源利用和减缓气候变化的重要举措，在推动社会经济绿色循环发展、农业废弃物资源化、无废城市建设和工业减污降碳等方面发挥了重要作用。

我国厌氧技术发展历程

- 1920 年，中国沼气利用发展的起点，源于 100 年前的罗国瑞沼气商号；
- 1980—1990 年，在前期的农村户用沼气基础上推出了一池三改、四位一体等模式，农村沼气利用快速发展；
- 1985 年，第五届国际厌氧消化(沼气)讨论会，促进高效厌氧污水处理技术在中国的研究应用；
- 1978—1990 年，中国三代沼气人开发三代沼气反应器，第三代反应器主要以 EGSB、IC 等反应器在工业方面应用为代表；
- 1990—2010 年，工农业沼气工程全面发展，我国户用沼气池达到 4200 万户；
- 2010—2020 年，大中型沼气转型；
- 2015 年，第十五届国际厌氧会议回到中国举办；
- 2019 年，国家部门出台促进生物天然气发展系列政策，推动城市沼气工程发展；
- 2020 年至今，双碳背景下的机遇和挑战。

经过几十年的发展，以农村户用沼气为基础，我国沼气工程在 20 世纪 80 年代开始迅速发展。2015 年后，我国农村沼气工程进入以大型及特大型沼气工程为主体的转型升级阶段，实现了发酵原料多元化及技术工艺创新；城市沼气工程在传统的市政

污泥厌氧消化和生活垃圾卫生填埋场填埋气利用等方面得到长足发展,并开拓了餐厨垃圾和厨余垃圾厌氧消化的新领域,成为无废城市和循环经济的核心技术;在工业低碳转型的趋势下,工业废水沼气工程的数量也在不断攀升,应用了大量的先进厌氧反应器,在工业废水领域减污降碳过程中发挥了重要作用。

目前,我国沼气工程从原料预处理方式、厌氧工艺、沼气净化提纯和沼液沼渣综合利用等方面都基本形成了根据原料特性、产业特点,形成与政策相符的发展模式,实现了废弃生物质资源的能源化和资源化利用,并在一些项目上取得了较好的环境效益和经济效益。

同时,我国沼气行业涌现了一大批以 CSTR、UASB 和 EGSB 为代表的高效厌氧反应器,实现了沼气用于供热、发电和压缩天然气的成功应用模式,在可再生能源利用和温室气体减排方面发挥了重要作用。

1.1 农村沼气工程现状

1.1.1 农村沼气工程发展历程

中国农村沼气发展源于 20 世纪 70 年代,在大约 50 年的发展过程中,经历了 5 个发展阶段。80 年代之前为初始发展阶段,由于技术不够成熟、管理跟不上、后期服务缺乏等问题,每年的报废量远大于新建量,到 80 年代初只有 392 万户;80 年代至 20 世纪末进入技术成熟阶段,建立了相应的管理和研究体系,制定了一系列国家和行业标准,形成了南方"猪-沼-果"和北方"四位一体"为代表的农村户用沼气发展模式(图 1-1),农村户用沼气达到

图 1-1 "四位一体"农村户用沼气模式

近千万户；21 世纪初进入快速发展阶段,农村沼气利用迎来了前所未有的发展机遇,规模迅速扩大,成为各级政府为农民办实事的"民心工程"之一,农村户用沼气翻倍增长,养殖场沼气工程和生活污水净化沼气池也得到快速发展；第四阶段是随后 10 年的建管并重阶段,中央投资数百亿元支持沼气服务体系建设和各种类型沼气工程发展。第五阶段是自 2015 年以来的转型升级阶段,特别在 2016 年 12 月习近平总书记在中央财经领导小组第十四次会议上做出解决大规模畜禽养殖场粪污处理和资源化"以沼气和生物天然气为主要处理方向,以就地就近用于农村能源和农用有机肥为主要使用方向"的重要指示；在 2017 年 5 月国务院办公厅印发《关于加快推进畜禽养殖废弃物资源化利用的意见》以后,国家发展改革委和农业农村部利用农业农村"五大绿色发展行动"为抓手,通过整县推进项目,在全国范围内推动规模化大型沼气工程和规模化生物天然气工程建设,形成了良好的发展基础和态势。

　　农村沼气工程在转型升级阶段依托农业废弃物资源利用和循环发展理念,因地制宜形成了多种发展模式,为农村沼气工程的可持续发展打下坚定的基础。其中,梁家河沼气示范项目(图1-2)形成以果、沼、畜为核心的区域农业农村绿色有机循环模式,对种养结合的绿色的农业农村发展具有示范作用,实现了农业废弃物的能源化利用及后续沼液沼渣的肥料化利用。

图1-2　农业农村部梁家河沼气示范工程全景

　　农业农村部梁家河沼气示范工程,以畜禽粪污为生产原料,处理能力1800t/a。年产沼气7万 m^3 ,年发电量约12万 $kW \cdot h$,年减排约800t二氧化碳;年产沼渣100t,沼液1500t,沼液沼渣作为有机肥用于千亩现代生态果园。

1.1.2　农村沼气工程发展现状

　　据农业农村部不完全统计,截至2020年年底,全国累计农村户用沼气保有量3380万户,以农业有机废弃物为原料的各类中小型沼气工程和大型及超大型沼气工程分别为9.49万处和7737处,总装机容量达341.5MW,其中包括64处规模化生物天然气示范工程。

　　在农村沼气发展过程中,逐渐形成了多种原料底物的沼气工程,如以秸秆、畜禽粪污、城乡生活垃圾及混合原料为底物的沼气工程都已具备工程先进性。各地规模化生物天然气示范项目充分利用生物废弃物为原料,生产沼气和有机肥,符合国家产业政策,具有较好的环境效益和社会效益。针对高含固率物料,干式发酵已逐渐成为新型的农业农村有机废弃物厌氧处理技术。针对厌氧消化过程中仍存在大量沼液消纳困难和北方地区保温性差的工艺问题,黑龙江省林甸畜禽养殖生物废弃物资源化利用项目(图 1-3)做出了较好的示范作用,在处理高寒地区畜禽粪便和秸秆的同时,利用干式厌氧发酵大大减少了沼液的产生量。

图 1-3 黑龙江省林甸畜禽养殖生物废弃物资源化利用项目全景

黑龙江省林甸畜禽养殖生物废弃物资源化利用项目,日处理玉米秸秆 100t,日处理牛粪 200t,工程日产沼气 20000m^3,年产沼气量 730 万 m^3,沼液肥 30000m^3。

1.2 城市有机固体废弃物沼气工程现状

全国无废城市建设工作进展迅速,对环保产业结构的市场化调整和创造新的经济增长点产生显著影响。据不完全统计,截至

2019 年,全国各省市共有城市废弃物沼气工程 1043 处,其中市政污泥沼气工程近百处,总处理规模 1.4 万 t/d(含水率 80%),年产沼气量为 1.9 亿 m^3。生活垃圾卫生填埋场共 652 座,处理量为 30.1 万 t/d,填埋气产量为 7.5 亿 m^3。餐厨(厨余)垃圾沼气工程共 366 处,处理能力为 8.15 万 t/d,年产沼气量为 23.8 亿 m^3。城市有机固体废弃物厌氧消化多采用 CSTR 和 UASB 等类型反应器。

1.2.1 污泥厌氧消化技术与工艺

20 世纪中国污泥处理落后,没有形成系统。目前,我国污泥沼气工程得到了国家层面的重视与支持。随着城市污水量和污泥量不断增加(年增长率大于 10%),污泥作为城市污水处理的副产物,如不妥善处理处置将造成二次污染,并对环境造成威胁。

污泥采用厌氧消化处理可满足污泥减容、沼气回收和肥料回用等目的,是污泥处理的一种重要方法。污泥厌氧消化工艺主要包括中、高温和高干等厌氧消化技术及沼气处理利用技术。城市污水处理产生的剩余污泥,经浓缩脱水后含水 94%~96% 进入厌氧反应器。因处理的是高悬浮物污泥,采用的厌氧反应器几乎全部为 CSTR。近年来,国际上高含固率(8%~12%含固率)厌氧消化和热水解预处理高级厌氧消化技术也在国内得到应用。其中,北京排水集团高碑店等污水处理厂污泥采用厌氧消化和热水解处理方法,有效提高了污泥厌氧降解率和沼气产率,改善了污泥脱水性能,完全杀灭所有病原菌,实现了污泥无害化、稳定化、减量化、资源化和低碳化处理(图 1-4)。

图 1-4 北京排水集团高碑店污水处理厂污泥厌氧消化项目全景

北京排水集团高碑店污水处理厂污泥厌氧消化项目,水解消化干污泥产气率基本稳定在 400m³ 以上,沼气日产量 6.7 万 m³,日发电量 5.6 万 kW·h,能够平衡热水解工艺的能量消耗问题。

1.2.2 生活垃圾填埋处理

我国填埋气利用发展起步于 20 世纪 90 年代。自 1998 年我国建成第一个填埋气发电厂以来,逐渐获得国务院、商务部(原国家经贸委)、生态环境部(原国家环境保护总局)、住房和城乡建设部、国家发展改革委等多部门对资源综合利用及填埋气收集利用的大力支持,填埋气发电得以迅猛发展。生活垃圾填埋气经收集利用后,可有效减少甲烷等温室气体排放,并实现生物天然气无障碍上网发电。生活垃圾填埋场工程由填埋气气体疏导、收集、净化、发电等主要工艺系统组成,包括必要的过程控制、供电和检(监)测系统等辅助设施,以及有关的土建工程。填埋场内填埋气导排系统按有无抽取设备分为主动和被动两类。填埋气的收集方法分为水平管为主和垂直管为主的集气系统。填埋气的利用方法取决于填埋场的规模、外部接入条件和对产品的需求,常规的利用方法为填埋气发电上网。填埋气发电上网不仅减少了温室气体的排放,减轻了环境污染,还回收了能源,实现了污染的清洁化和资源化。济南市无害化处理厂填埋气发电项目(图1-5)于2009年4月成功注册为清洁发展机制(clean development mechanism, CDM)项目。本项目实现了环境补偿收益及生态效益、社会效益、经济效益的协调统一,使得十方沼气发电项目持续稳定运行和良好发展。

图1-5 济南市无害化处理厂填埋气发电项目全景

济南市无害化处理厂填埋气发电项目,填埋场共建46个导气井,垃圾填埋气每年收集量约2000万 m³,工程填埋气发电装机容量3500kW,实际运行2000kW。日发电约9万 kW·h,每年减少排放约16万 t CO_2 当量,累计碳交易收益达385万元。

填埋气和沼气中一般含有二氧化碳(25%～35%)和甲烷(50%～70%)。经厌氧处理产生的填埋气或沼气先储存在储气柜中,再经过脱硫(湿法、干法、生物和原位脱硫)、脱水(冷凝法、吸附法和吸收法)和提纯(压力水洗、化学吸收法、变压吸附法和膜分离法),以达到相应的标准。沼气利用的领域不断扩大,从传统的农户使用发展到现在的集中供暖发电、注入天然气管网和用作车用燃料、发电上网等。

在填埋气和沼气利用上,气体提纯技术决定了产品质量及利用途径。膜分离技术作为新兴的沼气提纯技术,与传统主流的变压吸附提纯技术相比,具有分离效率高、体积小、能耗投资较低、操作维修便捷等优点。青岛开展膜分离技术精制生物质燃气项目(图 1-6)自主研发了针对餐厨垃圾为发酵原料的沼气提纯装置,形成了以餐厨垃圾沼气化处理为核心的、集生物燃气生产-处理和销售全过程的、三位一体、区域联动的餐厨垃圾制生物燃气商业模式。本项目有效缓解了新能源需求压力,对区域化生物质燃气的规模化、产业化发展具有重要意义。

图 1-6 青岛开展膜分离技术精制生物质燃气

青岛开展膜分离技术精制生物质燃气项目采用青岛沼气提纯可移动式撬装式设备,甲烷回收率达 98%,产品气甲烷纯度可达 97% 以上。年产沼气约 547 万 m^3,年回收减排甲烷气约 335 万 m^3(折合二氧化碳约 6.3 万 t),产生的沼气可精制成压缩天然气(CNG)进行销售。

1.2.3 餐厨(厨余)厌氧消化技术与工艺

我国餐厨垃圾处理工作起步较晚。"十二五"期间,国家发展改革委、住房和城乡建设部、财政部共同开展了 5 批共 100 个餐厨垃圾处理试点城市项目,有效推动了餐厨垃圾处理行业的发展。通过 5 年的摸索和工程实践,形成了一批成功的技术路线和发展模式。据不完全统计,截至 2019 年年底全国建设餐厨垃圾工程总处理能力 7.2 万 t/d,其中餐厨垃圾厌氧发酵处理量为 5.9 万 t/d,

年产沼气量约 16.8 亿 m^3。"十三五"期间，随着资金投入力度继续加大、收运环节逐步完善、餐厨垃圾处理技术的商业化运营模式逐渐清晰，餐厨垃圾处理能力大幅提升。作为我国第一批餐厨废弃物资源化利用和无害化试点城市项目，宁波市餐厨垃圾处理工程(图 1-7)对餐厨垃圾处理行业去工厂化设计的推进具有重要意义。本项目也通过厌氧沼气产品综合利用途径，如沼气和毛油产品利用等，实现了创收、循环等废弃物资源化利用的价值。

图 1-7　宁波市餐厨垃圾处理工程全景

宁波市餐厨垃圾处理工程，采用"机械分选＋厌氧"处理餐厨垃圾，处理规模为600t/d(一期＋二期)，地沟油 60t/d(一期＋二期)，日产沼气 4.95 万 m^3，日产粗油脂37t。产生的沼气部分锅炉自用，部分外售经提纯后进入市政管网，产生的粗油脂外运作为化工原料进行资源化利用。

另外，随着"无废城市"和"垃圾分类"等政策的落实，厨余垃圾处理也日益受到关注。2016 年 12 月，习近平总书记主持召开中央财经领导小组第十四次会议时强调：普遍推行垃圾分类制度，关系 13 亿多人的生活环境改善，关系垃圾能不能减量化、资源化、无害化处理。据不完全统计，截至 2019 年年底全国建设厨余垃圾处理工程总处理能力达每天 2.25 万 t，年产沼气量约 6.4 亿 m^3。

经过近几年的试点和实践，在湿垃圾源头分类和减量、收集运输、处理处置能力建设等方面均取得显著进展,并在湿垃圾处理体系中形成了循环互利共享的处理模式。上海松江湿垃圾资源化处理项目(图 1-8)作为松江区天马静脉生态园区中的重要一环,与周边生活垃圾焚烧发电项目、建筑垃圾资源化项目充分开展协同管理与资源共享,实现了蒸汽共享、沼气共用、废水与废渣共治、管理与信息数据共享的全过程清洁生产。

图 1-8 上海松江湿垃圾资源化处理项目全景

上海松江湿垃圾资源化处理项目,处理厨余垃圾能力为 350t/d,餐厨垃圾 150t/d,日沼气产量 2.4 万 m^3,收益主要来自沼气发电上网、粗油脂销售。其中,沼气发电年收益 770 万元。

餐厨(厨余)垃圾是占比最大的一类城市有机固体废弃物,日产量达 69 万 t。餐厨(厨余)有机固废的厌氧消化处理工艺对实现循环经济和碳减排具有重大意义。城市有机固体废弃物餐厨垃圾和厨余垃圾厌氧处理一般采用"分选、除杂和制浆+提油脱水+厌氧反应器+沼气脱硫+沼气脱碳脱水+沼气储柜+沼气利用"工艺流程。一般,餐厨垃圾的含油率为 3‰~4‰;厨余垃圾含油率为 1‰~2‰。因此,根据底物含油率的不同,在预处理工艺环节可选用三相分离设备或挤压脱水设备,分别实现固液油三相分离和固液两相分离。

随着生活垃圾分类投放标准的更新,城市餐厨(厨余)处理技术工艺的发展,餐厨和厨余垃圾将逐渐实现统一集中处理,餐厨(厨余)协同处理处置项目也在日益增加,并受到国家重视与支持。绍兴市分类餐厨(厨余)废弃物高效协同处理处置项目(图1-9)积极响应国家政策,加快探索适合我国餐厨(厨余)垃圾处理的技术路线,开发了餐厨(厨余)废弃物处理工业大数据智能化监督,成功通过住房和城乡建设部2021年科学技术计划项目绿色技术应用科技示范工程立项,助力打造餐厨(厨余)废弃物高效协同处理及资源化利用的示范样板。

图 1-9　绍兴市分类餐厨(厨余)废弃物高效协同处理处置项目全景

绍兴市分类餐厨(厨余)废弃物高效协同处理处置项目,处理规模为餐厨垃圾和厨余垃圾各 200t/d,日沼气产量 2.6 万 m^3,热电联产发电量 5.5 万 kW·h/d,发电自用及余电上网,蒸汽为厂区供能,提纯后的粗油脂外售,预处理固渣用于昆虫养殖,折合年收益 2600 万元。

1.3　工业有机废水沼气工程现状

随着行业发展和对污染治理的不断投入,我国工业沼气工程迅速发展,由于轻工业生产多为耗能过程,沼气工程承载着环保和能源的双重属性。近 10 年来,随着反应器建造技术和先进工艺的迭代进步,第二代、第三代高效厌氧反应器得到更广泛应用。在工业减污降碳的政策趋势下,工业废水沼气工程的数量也在不断攀升。基于历史统计数据、相关行业协会和工业废水治理从业企业提供的数据,结合行业发展状况,据不完全统计,2010—2018 年年底,我国工业废水沼气工程新增、改扩建项目约 800 座,工业废水处理年回收沼气量约 100 亿 m^3,约占工业沼气资源量的 25%,相当于天然气 60 亿 m^3。2019 年全国各省市共有工业废水沼气工程总量约 2800 处,处理废水年回收沼气量约 85 亿 m^3,约为我国 2018 年天然气消费总量的 3.0%,天然气生产量的 5.3%,工业天然气消费总量的 4.4%。其中轻工业废水沼气工程 1730 处,非轻工业废水沼气工程 1070 处。工业有机废水沼气工程采用先进的厌氧反应器形式以提升产气效率。另外,随着产业结构的调整,产业集中度提高,项目配套废水沼气工程的规模也向大型化方向发展。

1.3.1　轻工业有机废水

在"控污"和"双碳"等多种政策引导下,工业废水沼气工程迎来能源与环保新机遇。工业废水资源化、能源化的处理一般采用"固液分离预处理+厌氧反应器+沼气脱硫+沼气脱碳脱水+沼气储柜+沼气利用"工艺流程。针对工业废水含固率波动大的特点,其预处理单元应使用压滤机、筛分机等设备实现固液分离,降低固体含量,提升系统稳定运行能力。预处理后工业废水主要采用 UASB、内循环厌氧反应器(IC)和 EGSB 等类型,实现废水达标排放及沼气产物循环利用。

　　轻工各行业中,废水年产量最多的是造纸行业,占总废水产量的 34.95%。尽管废纸造纸的水污染量比制浆造纸削减了 85% 左右,但造纸废水中的化学需氧量(COD)和固体悬浮物浓度(SS)指标仍然较高,完成治理达标仍需采用较完善的工艺,提高 COD 削减率,实现清洁化与资源化生产。目前,东莞中堂造纸产业基地已成功转变为东莞市环保专业基地,图 1-10 所示为东莞市中堂纸厂污水沼气提纯工程全景。该基地对造纸企业进行整合提升,并实施废水处理排放工程,收集减量基地内 15 家造纸企业造纸废水。造纸废水处理达标后,将其输送到环评要求的东向涌闸外排放,有效解决了造纸废水排放对河流流域的严重污染。另外,废水污泥经厌氧处理后产生沼气进行热电联产,实现项目整体的能量平衡,"降污减排"的工业有机废水处理目标。

图 1-10　东莞市中堂纸厂污水沼气提纯工程全景

　　东莞市中堂纸厂污水沼气提纯工程,沼气精制为天然气送往城市天然气管网或压缩为 CNG 进行分销,日处理沼气 70000m³,日均产提纯气 52000m³,综合减排量达到每年 18300t 标煤。

　　随着国家大力发展酒精工业,发酵过程产生的酒糟处理问题也一直为人们关注。酿酒行业废水占总废水产量 20.23%,仅次于造纸废水产量。依据国家污水综合排放标准,酒精(糟)废水中

COD、BOD 和 SS 等指标严重超标，是水体污染的主要污染源。高浓度有机废水也严重限制了废水处理工艺的选择，该行业大多数采用厌氧的生化处理工艺。江苏太仓新泰酒精废水处理沼气工程（图 1-11）采用厌氧处理方法，最大效能处理降低工业有机废水中污染物指标，最大限度回收利用厌氧消化产沼气资源，实现工业有机废水的"降污减排"，具有多重经济和社会价值。

图 1-11 江苏太仓新泰酒精废水处理沼气工程

江苏太仓新泰酒精废水处理沼气工程，处理规模 2500m³/d。采用"Ⅰ级全混合 CSTR 高温厌氧＋Ⅱ级 UASB 中温厌氧＋SBR 好氧处理工艺＋气浮混凝"工艺，每年可节省天然气 1336 万 m³，减排 2.6 万 t 二氧化碳，若按天然气热值计算，年回收 4275 万元（尚未计算肥料收益和免交的排污费）。

1.3.2 非轻工业有机废水

我国非轻工业产生的有机废水主要包括制药、屠宰、石化、天然橡胶和糠醛等 10 多个行业产生的废水。非轻工行业普遍属于高资源消耗、粗放生产的行业，且其废水污染浓度高，成分又复杂。工业废水治理要应用清洁生产技术在污染物源头削减，减少产污；又要采用废水处理先进技术在污染物尾端控制，降低碳排放。中国石化集团扬子石化化工厂精对苯二甲酸（PTA）废水处理沼气装置(图 1-12)以"绿色企业创建"为契机,大力开展节能减排工作,通过优化改造、实施新工艺以及日常精细化管理等多项措施,绿色生产成效显著。2019 年,该装置污水单排降低至 2.32t/tPTA,实现了降低排放和产能回用。

图 1-12　中国石化集团扬子石化 PTA 废水处理沼气工程全景

中国石化集团扬子石化 PTA 废水处理沼气工程,设计处理污水量 12000m³/d,全年可向公司燃料气管网输送沼气 420 万 m³,年平均甲烷含量约 70%,全年可节能 2354.20t 标煤,可实现减排二氧化碳 101.30t。

1.4　沼气行业综合利用模式

沼气工程的典型运营模式是依托农村沼气工程中沼液沼渣的生态循环经济,形成了"猪-沼-果"和集中供暖发电等发展模式,可以同时解决农村环境污染和厌氧消化产品的消纳,使得沼气工程转型为生态工程。

农村废弃生物质可以与其他底物进行混合型沼气工程,促进了区域内多领域有机固废的资源化利用,提升可再生能源产率,实现节能减排,经济可持续发展的目标。肥城城乡物质良性循环模式项目生产生物燃气和有机肥资源化产品,实现了全市生物废弃物协同处理和资源化利用(图 1-13),综合解决了区域内生物废弃物的污染问题。

图 1-13 山东省肥城市畜禽污染物治理与综合利用项目全景

肥城城乡物质良性循环模式,日收运处理畜禽养殖粪便、果蔬垃圾、餐厨垃圾和秸秆等农村废弃物 150t,日产沼气 10000m^3,沼液 80m^3,有机肥 20t。生物燃气并入肥城港华燃气管网,沼液及有机肥用于农业种植。同时在项目周边流转土地约 300 亩(1 亩≈666.67m^2),进行肥料施用和有机种植示范。

针对酒糟、酿酒高浓度废水等环境污染大的高浓度有机废水,采用耦合发酵技术可实现厌氧发酵产液肥和产沼气。这对酿酒行业高浓度废水的处理具有重要意义,不仅打破了酿酒废水"高代价处理达标排放"的传统处理思路,还创造了有机废水"废水转资源"的新型转化渠道。茅台白酒废水生物天然气项目(图 1-14)产生的沼液沼渣制成有机固肥、液肥、土壤调理剂等产品,可以改善土壤的理化性质和生物活性,利用微生物修复的方法修复土壤,助力当地农业发展。

图 1-14 茅台生态循环经济产业示范园项目全景

茅台生态循环经济产业示范园模式,年处理茅台酒糟 10 万 t、高浓度废水 5 万 t,可生产生物天然气产品 1178 万 m^3,利用沼渣沼液生产有机肥料 10 万 t,温室气体年排放量减少 2.6 万 t CO_2 当量。沼液还田面积为 500ha,每年可以固碳 2740t CO_2 当量。

餐厨垃圾如何减量化、资源化、无害化处理的问题一直是困扰企业和政府的问题。餐厨垃圾的提质增效处理要以效益为导向进行技术选择,突破自我、跨界融合和互联网思维。餐厨垃圾集中处理存在收运困难、运营成本高、沼液沼渣处理难、投资周期长、风险大等问题,亟待开发经济合理、针对性强的技术,寻求适合国情的综合解决方案。以山东依水荷香生态园为例,介绍了沼肥的利用、储存模式和土地流转制度,并提出餐厨垃圾处理需要打破边界,寻求跨界融合的瓶颈,图 1-15 所示田间为山东省济南市利用餐厨垃圾厌氧沼液种植黄河大米。

图 1-15 山东省济南市利用餐厨垃圾厌氧沼液种植黄河大米

山东依水荷香"土地流转+生态农业生态园"模式,餐厨垃圾总产量 406t/d 分散式收运模式运输环节每天温室气体减排 5.39t 二氧化碳;沼液沼渣用于黄河大米种植,最多可增产 14.7%,10000 亩的种植规模可获得 5000 万元的利润。若沼气、沼液(渣)充分利用,温室气体总排放量为 6.87t/d 二氧化碳。

随着城镇化快速推进,农村沼气发展环境和方向的改变,规模化沼气工程的需求快速增长。沼气工程的转型升级是新的发展态势,有利于促进农作物秸秆和畜禽粪便的集中处理和资源化利用;有利于满足生活用能清洁化、便捷化的需求;有利于保障工程的可持续运营。京安公司对京安养殖场及安平县域内畜禽粪污、废弃秸秆等废弃物通过发酵制沼、沼气发电,生物质直燃发电,城市集中供热,形成绿色电能、余热回收利用,沼液沼渣及草木灰生产有机肥等产业(图 1-16)。

图 1-16 京安农业废弃物生态循环发展模式项目全景

京安农业废弃物"气电热肥联产"模式,年可发电 2.4 亿 kW·h,供热 55 万 MW,余热供热面积为 130 万 m²。年耗秸秆约 28 万 t,年替代标煤 10 万 t,全年可减少二氧化碳排放约 26 万 t。养农有机肥厂以沼气发电剩余沼液沼渣作为基质,年产生物有机肥固肥 5 万 t,液体肥 20 万 t。

第2章 有机废弃物资源量分析

为明确我国用于沼气生产的有机废弃物资源量,本章通过相关统计年鉴数据并查阅文献资料确定有关估算参数,计算了2010—2019年中国有机废弃物产生量情况,分析了其在2025年、2030年以及2060年的中长期发展趋势。下面主要从农业农村、城市和工业三个方面产生的有机废弃物来介绍沼气原料的资源量,包括农村生物废弃物、城市有机废弃物和工业有机废水。

有机废弃物资源量

- **有机废弃物**是指在生产、生活和其他活动中产生的丧失原有利用价值或者虽未丧失利用价值但被抛弃或者放弃的固态、液态或者气态的有机类物品和物质。根据形态划分,有机废弃物主要包括有机固体废弃物、有机废水和有机废气(本书中的有机废弃物指的是有机固体废弃物和有机废水)。
- **有机废弃物处理**是指对有机废弃物及其污染物进行物理、化学和生物方法处理,使其减少对环境的污染甚至变废为宝。其基本处理方法有:堆肥法、焚烧、卫生填埋、厌氧消化、等离子体处理、热解吸、现场玻璃化及其他技术。
- **有机废弃物资源量**是指理论上一定时间内产生的可用于厌氧消化或填埋处置生产沼气的各类有机废弃物的数量。

近年来,中国进一步加大了工农业生产和城市化建设的发展力度,一直保持着全球第二大的经济体地位。2020年全年国内生产总值1016000亿元,按可比价格计算,比2019年增长2.3%。中国不仅成为全球唯一实现经济正增长的主要经济体,GDP总量也实现了百万亿的历史性突破。2020年全国粮食播种面积175152万亩,比2019年增加1056万亩,增长0.6%。2020年全国粮食总产量66949万t,比2019年增加565万t,粮食生产再获丰收,产量连续6年保持在13000亿斤以上。

城镇化水平稳步提高,农业转移人口市民化进程加快。2020年城镇化率达到63.9%,与2010年第六次全国人口普查相比,城镇人口比重上升14.2%(图2-1)。工业生产持续稳定发展,2020年全国规模以上工业增加值比2019年增长2.8%、高技术制造业增加值增长7.1%,工业经济回稳向好是中国经济实现正增长的强有力支撑(中华人民共和国国家统计局,2021)。中国经济延续稳中有进、稳中向好的发展态势,经济增长率稳步提升。中国粮食耕种面积基本保持稳定,城镇化率持续快速发展,工业持续稳定生产,废弃物资源总量稳步提升。

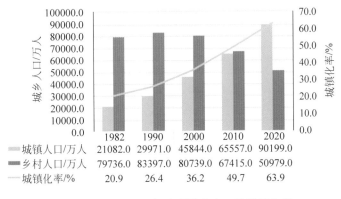

	1982	1990	2000	2010	2020
城镇人口/万人	21082.0	29971.0	45844.0	65557.0	90199.0
乡村人口/万人	79736.0	83397.0	80739.0	67415.0	50979.0
城镇化率/%	20.9	26.4	36.2	49.7	63.9

图2-1　1982—2020年我国城乡人口及城镇化率

2.1 农业农村有机废弃物

农业废弃物是指在整个农业生产过程中被丢弃的有机类物质,包含农业生活生产和畜禽养殖业中产生的废弃物,主要包括农作物秸秆、果蔬废弃物、畜禽粪便和农村生活垃圾。

我国是世界最大农产品生产和消费国,农业废弃物的资源量极大,对环境的影响不容忽视。由于秸秆等固体废物就地焚烧产生大量的烟气,同时,在自然条件影响下,固体废物中的一些有害成分转入大气、水体和土壤,参与生态系统的物质循环,具有潜在的、长期的危害性。因此,对农业固体废物进行综合治理是十分必要的,它们均可作为厌氧生物发酵的原料。

厌氧发酵的产物为高热值的能源——沼气,可在一定程度上缓解农村能源紧张的矛盾,而农业废弃物是最大的沼气来源。

2.1.1 畜禽粪污

1. 资源量

畜禽粪污主要指畜禽养殖业中产生的一类农村固体废弃物,包括猪粪、牛粪和禽类粪污等。根据《中国统计年鉴》《中国农业年鉴》《中国农村统计年鉴》和《中国畜牧兽医年鉴》(表 2-1),2010 年生猪、肉牛、禽类的出栏量分别约为 67332 万头、4318 万头、26808 万头,到 2018 年三者出栏量分别提高 3.0%、1.8%、15.7%。根据《中国统计年鉴》统计我国畜禽产品产量和人均消费量数据(表 2-2)显示,我国肉类产量从 2010 年 6173.5 万 t 增长到 2018 年的 6522.9 万 t,2019 年受非洲猪瘟等影响有所下降,牛奶产量从 2010

年 3038.9 万 t 增长到 2019 年 3201.2 万 t,禽蛋产量从 2010 年 2776.9 万 t 增长到 3309.0 万 t。截至 2019 年,我国人均肉类、奶类、蛋类消费量为 26.9kg/(人·a)、12.5kg/(人·a)、10.7kg/(人·a)。

表 2-1　畜禽出栏量　　　　　　　　　　万头

年　份	生猪出栏量	肉牛出栏量	奶牛出栏量	禽类出栏量
2010	67332.8	4318.3	1420.1	26808.3
2011	67030.0	4200.6	1440.2	26232.2
2012	70724.5	4219.3	1494.1	26606.2
2013	72768.0	4189.9	1441.0	26962.7
2014	74952.0	4200.4	1499.3	28051.4
2015	72415.6	4211.4	1507.1	28761.4
2016	70073.9	4264.9	1425.4	30005.3
2017	70202.1	4340.3	1079.9	30797.7
2018	69382.3	4397.5	1037.7	31010.5

表 2-2　我国畜产品产量和人均消费量

年份	猪牛羊肉产量/万 t	牛奶产量/万 t	禽蛋产量/万 t	猪牛羊肉人均消费/(kg/(人·a))	奶类人均消费/(kg/(人·a))	蛋类人均消费/(kg/(人·a))
2010	6173.5	3038.9	2776.9			
2011	6140.3	3109.9	2830.4			
2012	6462.8	3174.9	2885.4			
2013	6641.6	3000.8	2905.5	25.6	11.7	8.2
2014	6864.2	3159.9	2930.3	25.6	12.6	8.6
2015	6702.2	3179.8	3046.1	26.2	12.1	9.5
2016	6502.6	3064.0	3160.5	26.1	12.0	9.7
2017	6557.5	3038.6	3096.3	26.7	12.1	10.0
2018	6522.9	3074.6	3128.3	29.5	12.2	9.7
2019	5410.1	3201.2	3309.0	26.9	12.5	10.7

根据《农业农村部办公厅关于做好畜禽粪污资源化利用跟踪监测工作的通知》(农办牧〔2018〕28号)中养殖畜禽粪尿产生系数计算畜禽粪污的产量变化。2010年我国畜禽粪污年产量约为33.2亿t,之后呈现先增长后降低趋势,到2018年产量约为33.2亿t(图2-2)。截至2018年,生猪、肉牛、奶牛、禽类的年粪污产量分别约为15.0亿t、7.8亿t、4.0亿t、6.5亿t。

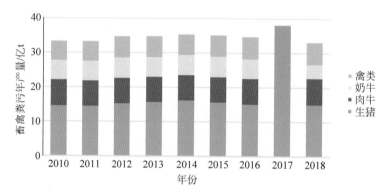

图2-2　近10年我国各类畜禽粪污年产量

图2-2中①2010—2016年、2018年的粪污秸秆产量根据畜禽养殖量和国家公开的粪污产生系数估算；粪污产生系数来源《农业农村部办公厅关于做好畜禽粪污资源化利用跟踪监测工作的通知》(农办牧〔2018〕28号)。②2017年数据为38亿t,来源农业部、国家发展改革委、财政部、住房和城乡建设部、环境保护部、科学技术部《关于印发〈关于推进农业废弃物资源化利用试点的方案〉的通知》(农计发〔2016〕90号)。

2. 组成成分

根据《中国有机肥料养分志》数据显示,猪与牛的粪便含水率约为70%、尿液含水率约为95%,其中猪粪中有机物约占20%,牛粪中有机物约占15%。禽类的粪污含水率约占50%,有机物占比20%以上(表2-3)。以上粪污均具有大量的有机组分,可以进行回收利用。

表 2-3　各类粪污理化特征（鲜基）

%

种类		水分	有机物	灰分	有机碳	全磷	全钾	钙	镁	钠
猪	粪	67.25~70.23	17.48~19.08	8.78~10.84	12.65~14.87	0.23~0.26	0.28~0.31	0.42~0.57	0.18~0.27	0.07~0.09
	尿	93.98~98.04	0.64~0.94	0.35~0.56	0.06~0.13	0.02~0.03	0.14~0.18	0.01~0.02	0.01~0.02	0.01~0.10
牛	粪	74.00~76.08	14.36~15.53	6.41~7.87	9.65~11.18	0.09~0.10	0.21~0.25	0.39~0.48	0.09~0.13	0.02~0.06
	尿	94.05~94.68	2.56~3.15	1.55~2.13	1.33~1.71	0.02~0.02	0.84~0.97	0.02~0.09	0.04~0.06	0.03~0.09
禽类	鸡粪	49.90~54.72	22.39~25.14	—	15.24~17.78	0.38~0.45	0.66~0.77	0.96~1.73	0.23~2.30	0.11~0.23
	鸭粪	48.13~54.04	18.69~21.74	—	11.72~14.77	0.33~0.40	0.49~0.61	1.87~3.93	0.20~0.29	0.09~0.29
	鹅粪	58.95~64.40	16.89~20.03		11.58~13.99	0.19~0.24	0.48~0.55	0.48~0.98	0.12~0.29	0.01~0.44

2.1.2 农作物秸秆

1. 资源量

农作物秸秆是成熟农作物茎叶(穗)部分的总称,通常指小麦、水稻、玉米和其他农作物在收获籽实后的剩余部分。依据自然资源部、国家统计局第三次全国国土调查主要数据显示,2019年年末全国耕地面积19.18亿亩。《中国农村统计年鉴2020》数据显示,2010—2015年,全国农作物种植面积从18.5亿亩上升19.6亿亩,随后呈现小幅度下降趋势。根据《中国粮食产量安全》白皮书要求,到2035年,粮食种植面积保持总体稳定(表2-4)。

表 2-4　农作物播种面积及产量

年份	稻　谷		小　麦		玉　米		其　他	
	播种面积/万亩	产量/万t	播种面积/万亩	产量/万t	播种面积/万亩	产量/万t	播种面积/万亩	产量/万t
2010	45145.5	19723	36663	11609	52465.5	19075	51601.5	18352
2011	45507	20288	36762	11857	55150.5	21132	50695.5	18774
2012	45714	20653	36826.5	12247	58663.5	22956	49372.5	19381
2013	46065	20629	36660	12364	61948.5	24845	48348	19625
2014	46147.5	20961	36664.5	12824	64495.5	24976	47976	19258
2015	46176	21214	36850.5	13256	67452	26499	46195.5	18245
2016	46119	21109	36999	13319	66267	26361	45766.5	17890
2017	46120.5	21268	36717	13424	63598.5	25907	46867.5	18368
2018	45283.5	21213	36399	13144	63195	25717	47286	18943
2019	44541	20961	35592	13360	61926	26078	48630	19321

2010—2019年全国农作物产量从约6.8亿t升高到约7.9亿t,年增长率约为1.51%。其中,粮食产量(水稻、玉米、小麦)2010—2015年间呈现缓慢增长趋势,产量从5亿t增长到6亿t,年增长率为1.84%。从2015—2019年间粮食产量维持在6亿t左右,其

他(大豆、薯类、棉花、花生、油菜、甘薯)在1.8亿～1.9亿t范围波动。据《第二次全国污染源普查公报》(国家统计局,2021)数据显示,2017年全国秸秆产生量为8.1亿t,秸秆可收集资源量为6.7亿t。依据《农业农村部办公厅关于做好农作物秸秆资源台账建设工作的通知》(农办科〔2019〕3号)中公布的草谷比计算农作物秸秆的产量变化。2010年农作物秸秆年产量约8.1亿t,2020年农作物秸秆产量约为8.6亿t。其中,2010—2020年期间水稻、玉米和小麦秸秆产量占农作物秸秆总产量的75%左右,在6.5亿～8.0亿t范围内波动(图2-3)。

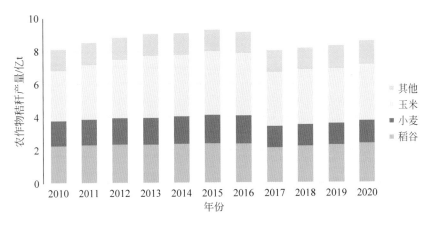

图2-3　不同年份农作物秸秆产量

图2-3中①2010—2016年、2018—2019年的秸秆产量根据草谷比估算;玉米草谷比推荐值1.29～2.05;水稻草谷比推荐值为0.93～1.28;小麦草谷比推荐值为0.93～1.38。计算采用平均值,草谷比来源于《农业农村部办公厅关于做好农作物秸秆资源台账建设工作的通知》(农办科〔2019〕3号)。②2017年数据来源于《第二次全国污染源普查公报》。③2020年数据来源于《中国统计年鉴2021》。

2. 组成成分

农作物秸秆的化学成分主要包括纤维素、半纤维素、木质素、可溶性糖、粗蛋白。木质纤维素组分(纤维素、半纤维素、木质素)是农作物秸秆的主要成分,其占比可达总体的 $70\% \sim 80\%$。在三者之中又普遍以纤维素最多、木质素最少。

2.1.3 果蔬废弃物

1. 资源量

果蔬废弃物是指蔬菜、瓜果种植和加工过程中产生的秸秆、藤秧、根、茎叶、烂果等废弃物。

根据国家统计局数据统计,2010—2019 年间蔬菜瓜果播种总产量明显提升(表 2-5)。2019 年蔬菜产量为 72102.6 万 t,与 2010 年相比产量增幅 25.9%;2018 年瓜果产量为 5442.5 万 t,与 2010 年相比产量增幅仅 4.0%。本报告中果蔬废弃物产生比例采用 0.3,果蔬废弃物年产量大约 2.5 亿 t。

表 2-5　蔬菜、水果面积及产量

年份	蔬菜(含菜用瓜)		瓜果类	
	播种面积/万亩	产量/万 t	播种面积/万亩	产量/万 t
2010	17431.2	57264.9	2227.3	5232.9
2011	17909.9	59766.6	2200.9	5237.2
2012	18496.9	61624.5	2156.8	5289.5
2013	18836.3	63198.0	2174.7	5408.9
2014	19224.1	64948.7	2165.0	5447.9
2015	19613.1	66425.1	2194.3	5576.9
2016	19553.1	67434.2	2119.1	5495.6
2017	19981.1	69192.7	2112.9	5556.0

年份	蔬菜（含菜用瓜）		瓜果类	
	播种面积/万亩	产量/万 t	播种面积/万亩	产量/万 t
2018	20439.0	70346.7	2117.2	5442.5
2019	20863.0	72102.6	—	—

2. 有机组分

果蔬垃圾中有机组分含量约为 10%（孔涛等，2017），即存在较高的含水率，但其较高的有机物组分反映其具有较大的沼气化潜力。果蔬的主要组分与秸秆类似均为木质纤维素，因此同样存在需提高其生物降解度的问题。

2.1.4 农村生活垃圾

1. 资源量

农村生活垃圾是指在农民日常生活中或为农村日常生活提供服务的活动中产出的固体废物。

根据《第七次全国人口普查公报》相关数据统计，2020 年我国农村剩余人口约为 5.2 亿人，比 2019 年同比减少 0.3 亿人。人均生活垃圾产生量基本稳定在约 0.86kg/d，则 2020 年农业农村生活垃圾产量约为 1.63 亿 t，同比 2019 年减少 0.38 亿 t（表 2-6）。

表 2-6 全国农村地区理论生活垃圾产量、清运量及处理量

年份	理论总产量/亿 t	人均产生量/(kg/d)	农村人口数/亿人	清运量/亿 t	处理量/亿 t
2010	1.8	0.5～1.0	6.7	0.6	—
2011	—		6.6	0.7	—

年份	理论总产量 /亿 t	人均产生量 /(kg/d)	农村人口数 /亿人	清运量 /亿 t	处理量 /亿 t
2012	1.4	0.6	6.4	0.7	0.6
2013	1.7	0.4~1.1	6.3	0.7	1.3
2014	1.7	0.76	6.2	—	1.0
2015	—	—	6.0	0.6	0.6
2016	—	—	5.9	0.7	0.6
2017			5.8		
2018	2.1	0.7~1.3	5.6	0.7	0.7
2019	2.01	0.7~1.3	5.5	0.7	0.7
2020	1.63	约0.86	5.2		

表 2-6 中①理论总产量=人均产生量×农村人口数×天数。②人均产生量：参考（曾秀莉等，2012；李丹等，2018；王维等，2020）。③农村人口数源自中华人民共和国国家统计局《中国统计年鉴 2010》～《中国统计年鉴 2020》。④清运量和处理量源自中华人民共和国国家统计局《中国农村统计年鉴 2010》～《中国农村统计年鉴 2020》。

2. 有机组分

农业农村生活垃圾中有机组分较高，约占 40% 以上，包括厨余类、渣土类、纸类、金属类、玻璃类、布类、塑料类和其他，其中，厨余类占比 35.97%、渣土类占比 42.38%、纸类占比 4.82%（岳波等，2014）。

整体上，农业农村有机废弃物呈现温和上涨趋势，截至 2018 年，畜禽粪污产量约为 33.2 亿 t，生猪、肉牛、奶牛、禽类的年粪污产量占比分别约为 45%、23%、12.0% 和 20%；2020 年农作物秸秆产量约为 8.6 亿 t。其中，水稻、玉米和小麦秸秆产量占农作物秸秆总产量的 75% 左右；果蔬废弃物年产量约 2.5 亿 t；农业农村生活垃圾产量约为 1.63 亿 t。

2.2 城市有机固体废弃物

城市有机固体废弃物总量仅次于农业农村有机废弃物,指在城市日常生活中或为城市日常生活提供服务的活动中产出的固体废物,主要包括餐厨垃圾、厨余垃圾和市政污泥。

我国每年城市清运的生活垃圾数量在逐渐增加,2019 年全国清运的生活垃圾数量达到 2.42 亿 t,其中 60% 以上为餐厨垃圾、厨余垃圾、污水处理厂剩余污泥。

这些富含生物质的垃圾由于在自然堆放、人工转运的过程中极易降解腐败、孳生蚊蝇和释放出各种气体和液体污染物,已成为城市垃圾中转站、压缩站以及垃圾填埋场污染的重要原因,也是当前城市及周边环境受到污染的重要源头,厌氧消化产沼气能够有效解决城市有机固体废弃物环境污染问题,是我国生活垃圾未来资源化处置的重要方向。

2.2.1 餐厨垃圾

1. 资源量

餐厨垃圾是指从事餐饮经营活动的企业和机关、部队、学校、企事业等单位集体食堂在食品加工、饮食服务、单位供餐等活动中产生的食物残渣、食品加工废料和废弃食用油脂。

随着餐饮行业的高速发展和城镇化水平的提高,我国餐厨垃圾的产生量激增。根据中国城市环境卫生协会有机固废专业委员会统计,截至 2019 年年底,我国餐厨垃圾产生量为 0.75 亿 t,同比 2010 年增加 0.45 亿 t,年复合增长率为 4.9%(图 2-4)。

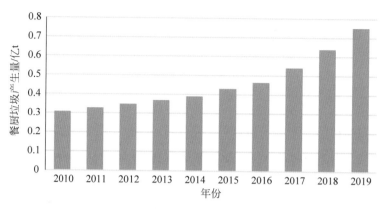

图 2-4　餐厨垃圾产生量情况

2. 组成成分

餐厨垃圾的化学成分主要包括糖类、蛋白质、脂类、无机盐类等,含水率为 85％左右,盐分(湿基 0.8％～1.5％)和油脂(干基 20％～30％)含量高。有机质的各元素比例为碳 40％～60％、氢 6％～9％、氮 2％～4％、硫元素 0.5％～1.5％、氧 25％～40％。

2.2.2　厨余垃圾

1. 资源量

厨余垃圾是指家庭日常生活中丢弃的果蔬及食物下脚料、剩菜剩饭、瓜果皮等易腐有机垃圾。

我国城市生活垃圾产量和处置量逐年增加,其中厨余垃圾占比最高。根据中国城市环境卫生协会有机固废专业委员会统计,截至 2019 年年底,全国厨余垃圾的产生量约为 1.32 亿 t,同比 2013 年增加 0.36 亿 t,年复合增长率达到 7.1％(图 2-5)。

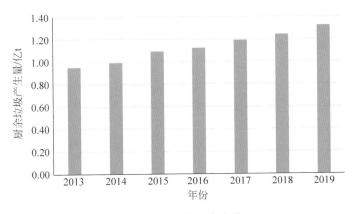

图 2-5 厨余垃圾产生量

2. 组成成分

厨余垃圾具有产生源固定且量大、有机质含量高、含水率高、油脂和含盐量高、营养丰富、有毒有害物质少等理化特征。有机质含量占其干物质的 93% 左右,含水率一般在 70%～80%,粗脂肪占厨余垃圾干燥物的 28.8%,NaCl 含量高达 1.2%。氮、磷、钾等营养元素含量较高,作为肥料再利用价值较高。

2.2.3 城市污泥

1. 资源量

污泥是指城市污水处理厂在水处理过程中产生的无机或有机可沉淀物质。根据《2018 年城乡建设统计年鉴》和《2019 年中国污泥处理处置行业市场分析报告》数据显示,2018 年全国城市污水处理率达到 95.5%,县城污水处理率达到 91.2%。因此,随污水处理产生的污泥体量同步增长。根据 E20 研究院的数据,2019 年城镇湿污泥产生量接近 5000 万 t,为 2010 年的近 2 倍,2010—2019 年 10 年平均复合增长率达 7.3%(图 2-6)。

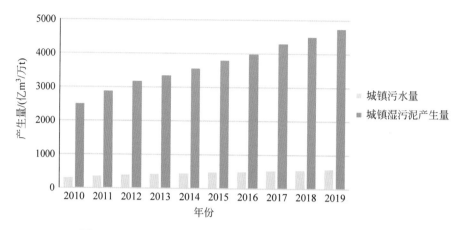

图 2-6　2010—2019 年城镇污水年处理量与湿式污泥产生量

2. 组成成分

2013 年机械科学研究总院环保技术与装备研究所对北京、上海、天津、沈阳、郑州、唐山等 25 个中国城镇污泥泥质情况调研,90 座污水处理厂污泥进行了总体评价,成分汇总见表 2-7。调研结果总体呈现"北高南低、大高小低"的特点,无论是有机质含量还是氮磷钾等营养元素,均呈现大城市高于中小城市,北方城市高于南方城市。污泥中有机质含量在 2003 年为 36.4％、2008 年为 41.2％、2013 年为 51.4％,显示其中有机质含量呈现逐渐增加趋势。随着污泥中有机质含量的逐渐增加,厌氧消化处理污泥技术优势将逐渐突显出来,采用厌氧消化技术比例也将逐渐提高。

表 2-7　中国 90 座城镇污水厂污泥营养物质成分汇总

营养成分指标	有效样本数/个	平均值/%	最高值/%	最低值/%
有机质	79	51.43	77	13.35
TN	62	3.58	7.20	0.31
TP(以 P_2O_5 计)	62	2.32	14.65	0.04
TK(以 K_2O 计)	64	1.42	7.4	0.13

2.2.4 生活垃圾填埋处理

1. 资源量

城市生活垃圾（包括城市和县城生活垃圾），也称城市固体废弃物，是指在城市日常生活中或为城市日常生活提供服务的活动中产出的固体废物。

2019 年全国生活垃圾清运量为 3.11 亿 t，城市和县城生活垃圾清运量分别为 2.42 亿 t 和 0.68 亿 t。无害化处理量为 3.06 亿 t，无害化处理率达 98.4%（图 2-7）。卫生填埋处置在我国环卫处理系统中一直处于主导地位，卫生填埋量在 12000 万～17000 万 t。2017 年以前，卫生填埋处置量呈现缓慢增长，增长率小于 5%；2017 年以后，卫生填埋处置量在逐渐下降。2019 年卫生填埋处理量为 1.61 亿 t，占比为 52%，焚烧处理量增至 43%。随着焚烧处置的广泛推广，预计未来一段时间，全国生活垃圾填埋量将会继续下降。

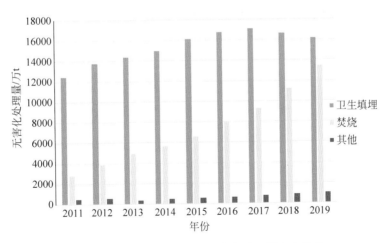

图 2-7 2011—2019 年全国无害化处理量变化趋势

2. 卫生填埋原料成分

我国生活垃圾中可降解有机组分主要有厨余、纸类、织物和竹木四部分。生活垃圾中有机组分较高,约占 59.5%,其中各成分占总体比例如下：厨余占 47.4%、纸类占 6.5%、织物和竹木在生活垃圾中占较小比例,分别为 2.8% 和 2.8%。

总体上,2010—2019 年,城市有机废弃物中餐厨垃圾、厨余垃圾和污泥产生量随着城镇化率的提高而显著增加,2019 年餐厨垃圾、厨余垃圾和污泥产生量分别为 0.75 亿 t、1.3 亿 t 和 0.5 亿 t；然而在 2017 年以后,垃圾卫生填埋处理量呈现逐渐下降,2019 年卫生填埋处理量为 1.09 亿 t,占生活垃圾处理量的 45%。

2.3　工业有机废水

工业有机废水包括轻工行业和非轻工行业有机废水。工业有机废水是我国水污染主要的污染源之一,随着近些年工业的飞速发展和经济的腾飞,含有高浓度的有机废水污染源日益增多。

这些高浓度的有机废水中还有大量的有机污染物,如果直接排放此污染物,对环境危害十分大。厌氧消化工艺是一种快速、高效处理高浓度有机废水的技术。厌氧消化工艺为高浓度有机废水处理技术的发展做出了贡献,对工业生产的可持续发展产生重大影响。

2.3.1　轻工行业有机废水

轻工业有机废水是指包括酒精、制糖、酿酒、淀粉、淀粉糖、氨基酸、造纸、柠檬酸、酵母、乳制品、皮革、食品添加剂等 12 个轻工行业废水。

根据 2009—2019 年历年的中国轻工业年鉴以及各行业年鉴统计数据,截至 2019 年年底上述 12 个行业废水总量约为 45.56 亿 t,相比 2009 年增加了 22.0%,2009—2019 年的年均增速为 2.2%(图 2-8)。2018 年轻工各行业废水量见图 2-9,废水年产量最多的是造纸行业,占总废水产量的 35%,其次是酿酒、食品添加和淀粉,分别占 20.1%、14.0% 和 13%,上述 4 个行业的废水年产量占本次统计的轻工各行业废水总产量的 82.1%(图 2-9)。

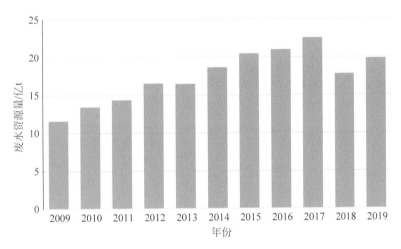

图 2-8　2009—2019 年轻工 12 个行业废水资源量统计

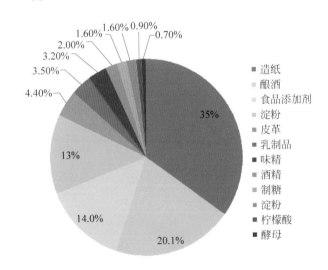

图 2-9　2018 年轻工各行业废水量占比

2.3.2 非轻工行业有机废水

非轻工业有机废水是指制药、屠宰、石化 PTA、天然橡胶 4 个非轻工行业有机废水。

根据 2009—2019 年历年的行业年鉴统计数据,2019 年我国非轻工行业有机废水年产有机废水约 19.8 亿 t,相比 2009 年增长了70.8%,2009—2019 年的年均增速为 7.0%(图 2-10)。非轻工行业中,废水年产量最多的是制药(化学药原药)行业,废水量最大,占 4 个行业总量的 54.1%,其次是石化 PTA 行业,废水年产量占36.9%。制药(化学药原药)和石化 PTA 行业废水产量占 4 个行业总量的 91%(图 2-11)。

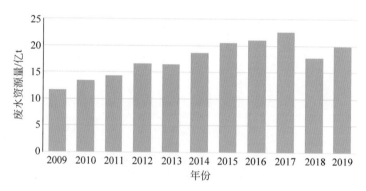

图 2-10 2009—2019 年非轻工行业有机废水资源量统计

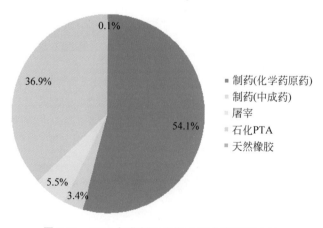

图 2-11 2019 年非轻工各行业废水资源量占比

　　截至 2019 年年底轻工 12 个行业和非轻工 4 个行业的废水总量分别约为 45.56 亿 t 和 19.8 亿 t,2009—2019 年的年均增速分别为 2.2% 和 7.0%。轻工行业和非轻工行业废水年产量最多的分别是造纸行业和制药(化学药原药)行业,分别占轻工和非轻工行业总废水产量的 35.0% 和 54.1%。

第3章 资源量、沼气潜能及能源替代潜力预测

> **资源沼气化利用率和沼气潜能**
>
> - **沼气潜能**即沼气生产潜力,指各类有机废弃物在厌氧条件下(厌氧消化或填埋处置)产生沼气的体积。
> - **资源沼气化利用率**指某种有机废弃物用于厌氧消化或填埋的资源量与该有机废弃物资源总量的比值。
> - **单位原料产沼气能力**指单位质量物料在厌氧条件下产生沼气的体积,用 m^3/t 表示。

有机废弃物中的有机质可通过厌氧消化转化为沼气,沼气属于可再生能源,具有绿色、低碳、清洁等特点,可替代传统化石燃料燃烧,实现温室气体减排。但是并非所有的有机废弃物资源都可以被收集并用于厌氧消化或填埋产沼气;在政策影响及技术进步之下,不同时期的资源沼气化利用率、有机废弃物的收集系数以及单位原料产沼气能力不同。有机废弃物的沼气潜能与可收集到的各类有机废气物的资源量、资源沼气化利用率以及单位原料产沼气能力正相关。因此,有必要对我国农业有机废弃物、城市有机固体废弃物和工业有机废水废渣的资源沼气化利用率及产沼气潜能进行梳理,并对"十四五"期间(2025年)、中期

（2030年）、长期（2060年）三个不同时期的资源量、沼气化利用率、沼气生产潜力及能源替代潜力（考虑替代标准煤）进行预测。预测依据如下：

（1）主要基于中国人口、城镇化率发展及相关政策预测，同时结合不同有机废弃物资源量、资源量可获得量、可利用比例等相关文献和综合分析判断。

（2）人口的估计则根据《第七次全国人口普查公报》《中国农村发展报告2020》《国家人口发展规划（2016—2030年）》《城市蓝皮书：中国城市发展报告No.12》和《城镇化蓝皮书：中国新型城镇化健康发展报告（2016）》等正式文件及公开报道。截至2020年，全国人口共约14.12亿人，农村人口5.2亿人，城镇化率63.9%。预计我国人口未来10年将继续保持低速增长态势，随后便有所下降，即预测：到2025年，城镇化率达65.5%，农村人口降至5.0亿人；到2030年全国人口将达到峰值，约14.5亿人，城镇化率将达70%，此时农村剩余人口约为4.4亿人；到2060年，城镇化率约为80%，农村常住人口约为2.6亿人。

（3）基本农田始终保持在18亿亩以上，每年的粮食产量不低于6.5万t，确保中国人的饭碗主要装"中国粮"。

（4）随着党的第二个百年奋斗目标和"乡村振兴战略"的持续实施和最终实现，全国人民对肉蛋奶等副食品的需求将会持续增长，逐步达到发达国家的消费水平（图3-1）。

（5）由于农村社会经济的发展和农业产业结构的调整，农村户用沼气将完成其历史使命，未来的发展将以各种类型的沼气工程为主。

图 3-1 实施"乡村振兴战略"三步走时间表

3.1 资源量的预测

3.1.1 农业农村有机废弃物

农业农村有机废弃物主要包括畜禽养殖业废物、农业种植废弃物和农村生活垃圾等几个方面。

畜禽粪污主要与养殖种类、养殖方式、人口数量、人民的生活水平有关。根据联合国粮农组织（FAO）统计资料（刘春艳等，2019），2018 年世界中等以上发达国家人均肉类、奶类消费分别比我国多 20% 和 600% 以上。随着生活水平的提高，我国人均畜产品需求增加，预期到 2025 年人均增加消费 10%，畜禽养殖规模相比当前将扩大 10% 以上，则粪污年产量将增至 36.5 亿 t。到 2030 年可实现中等发达国家的水平，与当前相比我国对畜产品的需求和人均消费量将增加 20% 以上，相应的畜禽养殖规模将扩大 20%，则粪污年产量将增至 39.8 亿 t；2030 年以后，人均畜产品肉

50

蛋奶消费量保持稳定,到 2060 年随着人口规模的减少,畜禽养殖规模和粪污产量也将相应减少,2060 年我国粪污年产量将减少至 35.7 亿 t 左右(以上不考虑畜禽粪污产出系数变化)。

农作物秸秆主要与我国人口、耕地面积和粮食产量等相关因素有关。2020 年农作物秸秆产量约为 8.6 亿 t。依据种植面积以及人口的增长趋势,到 2025 年,粮食产量将会呈现小幅度上升趋势,考虑短期内农作物草谷比基本保持不变的趋势,预测农作物秸秆总产量将会继续维持在 9 亿 t 左右。依据 2010—2020 年农作物秸秆约为 1.07% 的平均年增长率,预计 2030 年农作物秸秆产量将达到最高水平 9.5 亿 t 左右。到 2060 年,估算农作物秸秆产量可能有所下降,维持在 9 亿 t 左右。

果蔬废弃物主要与人口、果蔬种类有关。依照《中国农业展望报告》,未来 10 年内果蔬的总产量总体将呈现“稳中有增”的趋势,年均增速约为 1.1%。考虑果蔬的废弃物产生比例不发生巨大变化,基于当前 2.5 亿 t 的果蔬废弃物产量,到 2025 年、2030 年我国年果蔬废弃物总量将分别为 2.6 亿 t、2.8 亿 t,预估到 2060 年我国果蔬废弃物产量约为 2.5 亿 t。

农村生活垃圾主要与农村人口数量有关。随着城镇化率的增加,农村人口的减少,农村生活垃圾随之减少。预测到 2025 年、2030 年、2060 年农村生活垃圾资源量分别约为 1.57 亿 t、1.38 亿 t、0.82 亿 t。到 2060 年,我国农村生活垃圾收运处置设施布局优化,城乡生活垃圾一体化治理,实现农村生活垃圾减量化、资源化和无害化处理。

因此,预测 2025 年、2030 年、2060 年我国农业农村有机废弃物资源量分别约为 49.7 亿 t、53.5 亿 t、48.0 亿 t。

3.1.2　城市有机废弃物

城市有机废弃物主要包括餐厨垃圾、城市生活垃圾(包括厨余垃圾和填埋垃圾)、城市污水污泥等几个方面。

餐厨垃圾产生与人口数量和人民生活水平密切相关。根据中国城市环境卫生协会有机固废专业委员会统计,2019年我国餐厨垃圾产量为7525万t。假设我国在2020—2025年期间的人均餐厨垃圾产生量不变,即0.24kg/(人·d),则2025年我国的餐厨垃圾产生量将达到8424万t。随着国民经济的发展和《中华人民共和国反食品浪费法》的实施,增长态势将逐步放缓,预计到2030年和2060年餐厨垃圾的产量分别达到9002万t和9224万t。

厨余垃圾主要是家庭分类垃圾后的有机类垃圾,其产生与人口数量和收入水平相关。中国持续上升的收入水平提高了居民的购买力。中国居民目前更愿意外出用餐,刺激中国餐饮市场蓬勃发展。不断增长的餐饮市场导致厨余垃圾数量大幅增加。厨余垃圾属于城市生活垃圾的一部分,而城市生活垃圾主要与我国人口数量、城镇化率以及人均生活垃圾产量相关,同时受到环境管理政策等影响较大。根据原国家发展改革委印发的《"十四五"城镇生活垃圾分类和处理设施发展规划》,预测2025年、2030年、2060年城市生活垃圾清运量分别为3.29亿t、3.70亿t、3.80亿t(表3-1)。按厨余垃圾占50%计算,预测2025年、2030年、2060年厨余垃圾分别可达1.65亿t、1.85亿t、1.90亿t。城市垃圾填埋容易造成渗滤液泄漏污染土壤及地下水等周边环境,并且易造成甲烷爆炸。随着焚烧处置的广泛推广,预计未来一段时间,全国生活垃圾填埋量将会持续下降。2025年、2030年、2060年填埋处置量占比分别约为35%、20%、5%,则城市生活垃圾填埋量分别为11515万t、7400万t、2300万t(包括农村生活垃圾400万t)。

表 3-1　生活垃圾清运量预测

项　　目	2025 年	2030 年	2060 年
人口/亿人	14.50	14.50	13.00
城镇化率/%	65.5	70.0	80.0
城镇人口/亿人	9.50	10.15	10.40
人均生活垃圾产量/(kg/d)	0.95	1.00	1.00
城市年生活垃圾清运量/亿 t	3.29	3.70	3.80

城市污水污泥，假设人均污泥产生量保持不变的情况下，主要与城市人口数量有关，因此污泥产生量将在 2030 年达到峰值。假设我国在 2020—2025 年期间的污泥产生量年复合增长率不变，即维持 2010—2019 年的年复合增长率 7.3%，预计 2025 年、2030 年我国市政污泥产量将分别达到 7228 万 t、10280 万 t。随着污水处理技术的逐步提升，产生的污泥量逐渐减少，假设在 2030 年之后，人均污泥产生量保持不变，预估 2060 年污泥产生量近 9217 万 t。

因此，预测 2025 年、2030 年、2060 年我国城市有机废弃物资源量分别约为 4.9 亿 t、5.6 亿 t、6.4 亿 t（包括农村生活垃圾 8000 万 t）。

3.1.3　工业有机废水

整体上，我国各工业行业的废水废物产量巨大，但是人均排放量均未达到中等发达国家的标准，因此，生产规模将随着人均消费量的增加而逐步增长。其主要与行业发展、人口数量、人均消费量有关。以 2019 年数据为基准，不同行业按照 1.2%～6.0% 的年均增长率，预计到 2025 年工业废水年产生量将达到 74.1 亿 t；到 2030 年，废水年产生量将达到 84 亿 t。以我国 2035 年达到中等发国家水平，对标欧美国家人均消费量，综合考虑资源量、行业发展趋势、面临的问题等因素，预计到 2060 年，12 个轻工行业废水产生量将达到 67 亿 t,4 个非轻工行业废水产生量将达到 31 亿 t,废水总量约 98.2 亿 t。

因此,预测 2025 年、2030 年、2060 年我国工业有机废水资源量分别约为 74.1 亿 t、84.0 亿 t、98.2 亿 t(图 3-2)。

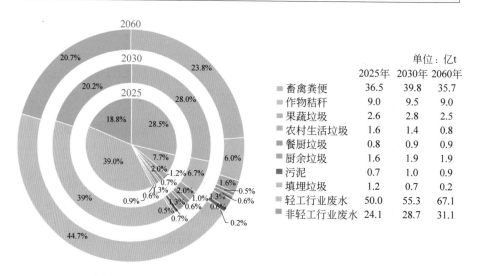

	2025年	2030年	2060年
畜禽粪便	36.5	39.8	35.7
作物秸秆	9.0	9.5	9.0
果蔬垃圾	2.6	2.8	2.5
农村生活垃圾	1.6	1.4	0.8
餐厨垃圾	0.8	0.9	0.9
厨余垃圾	1.6	1.9	1.9
污泥	0.7	1.0	0.9
填埋垃圾	1.2	0.7	0.2
轻工行业废水	50.0	55.3	67.1
非轻工行业废水	24.1	28.7	31.1

单位:亿t

图 3-2　2025—2060 年有机废弃物厌氧产沼气资源量预测

3.2　沼气潜能及能源替代潜力预测

3.2.1　农业有机废弃物

沼气潜能即沼气生产潜力,可根据式(3-1)和式(3-2)进行计算得到:

可获得沼气生产潜力(亿 m³)=资源量(亿 t)×收集系数(%)×资源沼气化利用率(%)×单位原料产沼气能力(m³/t)　　　(3-1)

最大沼气生产潜力(亿 m³)=资源量(亿 t)×单位原料产沼气能力(m³/t)　　　(3-2)

1. 畜禽粪污

根据《中国有机肥养分志》数据显示,猪与牛的粪便含水率约为70%,尿液含水率约为95%,其中猪粪中有机物占比约为20%,牛粪中有机物占比约为15%。禽类的粪污含水率占比约为50%,有机物占比20%以上。因此,不同种类的畜禽粪污产沼气潜力差异较大,我国畜禽粪污产沼气能力为 $100\sim480\mathrm{m}^3/\mathrm{tVS}$(VS表示挥发性固体排泄量),德国畜禽粪污产沼气资源利用率在70%以上,单位畜禽粪污产沼气能力可达 $300\mathrm{m}^3/\mathrm{tVS}$ 以上。

基于当前总体不超过10%的资源沼气化利用率,按照平均单位粪污可产沼气 $16\mathrm{m}^3/\mathrm{t}$ 鲜重计算,当前畜禽粪污的沼气生产量约为26.9亿 m^3。

参考《国务院办公厅关于促进畜牧业高质量发展的意见》(国办发〔2020〕31号)中指出"到2025年畜禽养殖规模化率和畜禽粪污综合利用率分别达到70%和80%以上,2030年分别达到75%和85%以上"。估算至2025年利用量约为25.6亿t,按照资源沼气化利用率30%,单位粪污产沼气 $25\mathrm{m}^3/\mathrm{t}$ 鲜重计算,可获得沼气生产潜力约为191.6亿 m^3。预测2030年畜禽粪污可利用量可达29.85亿t,按照资源沼气化利用率50%,单位粪污产沼气 $30\mathrm{m}^3/\mathrm{t}$ 鲜重计算,可获得沼气生产潜力约为447.8亿 m^3。

预期至2060年,我国畜禽养殖的主要畜种将实现全部规模化养殖,即粪污可利用量为35.7亿t,按照资源沼气化利用率80%,单位粪污产沼气 $50\mathrm{m}^3/\mathrm{t}$ 鲜重计算,可获得沼气生产潜力约为1428亿 m^3。

2. 农作物秸秆

依据《全国农村沼气发展"十三五"规划》数据显示,2015年全国范围内已建成大中型秸秆沼气工程共458处,每个沼气工程产气量为 1000～2000m³/d,全部秸秆沼气工程全年运行的沼气产量为 2.5 亿 m³。我国农作物秸秆产沼气潜力为 200～350m³/tVS,而在沼气工程发达的国家,如德国采用以能源作物(青贮玉米、小麦)为主的发酵原料产气率较高,干物质产气率可高达 600～1000m³/t,采用以能源作物青贮为主的全混合发酵结合热电联产工艺,保证了较高的产气率,中温和高温产气率分别为 1.2～1.8m³/d 和 2.0～3.0m³/d。

据"十四五"循环经济发展规划要求,农作物秸秆综合利用率保持在 86% 以上。截至 2025 年,资源沼气化利用率约为 15%,可用于沼气生产的农作物秸秆资源量约为 1.15 亿 t,单位秸秆产沼气能力为 280m³/t,估算农作物秸秆可获得沼气生产潜力 321.3 亿 m³。

据《全国农业可持续发展规划(2015—2030 年)》,2030 年,全国将建立完善的秸秆收储运体系,形成布局合理、多元利用的秸秆综合利用产业化格局,资源沼气化利用率增加为 20%,可用于沼气生产的作物秸秆资源量为 1.71 亿 t,单位秸秆产沼气能力为 300m³/t,估算农作物秸秆可获得沼气生产潜力为 513 亿 m³。

预测到 2060 年,资源沼气化利用率约为 40%,可用于沼气生产的农作物秸秆量为 3.42 亿 t,单位秸秆产沼气能力为 320m³/t,估算农作物秸秆可获得沼气生产潜力为 1094.4 亿 m³。

3. 果蔬废弃物

目前,我国果蔬废弃物产沼气潜力为 200～350m³/tVS,世界各国主要采用就近填埋、堆肥、饲料化等方式消纳果蔬废弃物,较少应用于沼气利用方面。

参考《全国农村沼气发展"十三五"规划》中可收集利用率约 40%,当前利用量不足 1.0 亿 t,资源沼气化利用率不足 1%,按照单位果蔬废弃物产沼气能力为 20m³/t 鲜重(即约 200m³/tVS)计算当前可利用果蔬废弃物生产沼气量小于 0.2 亿 m³。

参考《"十四五"城镇生活垃圾分类和处理设施发展规划》,到 2025 年全国垃圾资源化利用率达到 60％左右,即 2025 年我国果蔬废弃物资源化利用量可达 1.6 亿 t,预期果蔬垃圾沼气化利用率提升至 5％且单位果蔬废弃物产沼气能力为 25m³/t 鲜重,预计可获得沼气生产潜力约为 2.0 亿 m³。

2030 年,资源化利用率进一步提升到 80％,则果蔬废弃物可利用量 2.24 亿 t,预期资源沼气化利用率提升至 10％且单位果蔬废弃物产沼气能力按 30m³/t 鲜重计算,届时可获得沼气生产潜力达到 6.7 亿 m³。

预期到 2060 年时实现全量资源化利用,即果蔬废弃物可利用量约为 2.5 亿 t,按照资源沼气化利用率为 15％且单位果蔬废弃物产沼气能力为 35m³/t 鲜重计算,可获得沼气生产潜力约 13.1 亿 m³。

4. 农村生活垃圾

目前,我国农村生活垃圾产沼气潜力为 80～270m³/t(TS(总固体物)为 5％～10％),而根据世界银行《垃圾何其多 2.0:2050 年全球固体废物管理一览》报告显示,北美偏重于填埋,欧洲偏重于焚烧和堆肥,两者的农村生活垃圾中可回收物占比过半,德国甚至超过 80％。

2020 年我国农村生活垃圾资源量约为 1.63 亿 t,其中可收集量约为 85％,有机物占比仅为 30％(杜祥琬,2019),参考《全国农村沼气发展"十三五"规划》推测目前农村生活垃圾的资源沼气化利用率不足 1％,按照每吨平均可产沼气 100m³,据此估算 2020 年的沼气产量约为 0.4 亿 m³,暂不考虑作为沼气化的原料。

根据近 20 年来我国城市生活垃圾有机组分的变化趋势(年均增长率为 0.75％)推算(图 3-3),到 2025 年,我国农村生活垃圾中有机物占比可达 35％,可收集量为 90％,通过"十四五"城镇生活垃圾分类与处理设施发展规划的实施,可有效推动农村生活垃圾无害化处理和沼气工程的建设,2025 年的农村生活垃圾沼气化利用率预期可提升至 5％,按照每吨平均可产沼气 105m³,可获得沼气生产潜力约为 2.6 亿 m³。

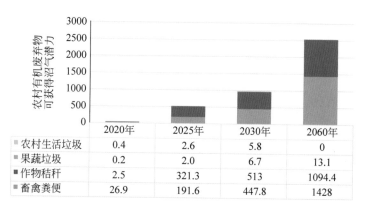

	2020年	2025年	2030年	2060年
▪ 农村生活垃圾	0.4	2.6	5.8	0
▪ 果蔬垃圾	0.2	2.0	6.7	13.1
▪ 作物秸秆	2.5	321.3	513	1094.4
▪ 畜禽粪便	26.9	191.6	447.8	1428

图 3-3　2025—2060 年农村有机废弃物可获得沼气生产潜力预测(单位:亿 m³)

到 2030 年,农村生活垃圾中有机物占比预计为 40％,可收集量为 95％,根据《城镇生活垃圾分类和处理设施补贴短板强弱项实施方案》和《关于进一步推进生活垃圾分类工作的若干意见》等政策推算,农村生活垃圾的沼气化利用率可进一步提升至 10％,按照每吨平均可产沼气 110m³,可获得沼气生产潜力约为 5.8 亿 m³。

到 2060 年,随着全面实现乡村振兴和城乡高度融合发展,农村垃圾将逐步进入城市垃圾系统进行处理处置。

3.2.2　城市有机固体废弃物

1. 餐厨垃圾

餐厨垃圾的化学成分主要包括糖类、蛋白质、脂类、无机盐类等,含水率为 85％左右,盐分(湿基 0.8％～1.5％)和油脂含量高

（干基20％～30％）。目前，我国餐厨垃圾单位原料产沼气能力在50～120m³/t，瑞典等先进水平国家餐厨垃圾产沼气潜力可达100～190m³/t。

2019年我国餐厨垃圾产生量为20.6万t/d，根据中国城市环境卫生协会有机固废专业委员会统计，2019年全国建设餐厨垃圾处理工程为7.2万t/d，其中餐厨垃圾厌氧处理量为5.9万t/d，按照每吨餐厨垃圾产沼气80m³计算，年产沼气量17.2亿m³。

在"碳达峰、碳中和"的相关制度的引导下，厌氧处理技术也会得到高速的发展，预计2025年、2030年、2060年我国餐厨垃圾收集系数分别为50％、70％、90％，资源沼气化利用率分别为80％、90％、90％，平均单位餐厨垃圾产沼气能力分别按照80m³/t、150m³/t、200m³/t计算，则分别可获得沼气生产潜力约为27亿m³、85.1亿m³、166亿m³。

2. 厨余垃圾

厨余垃圾具有产生源固定且量大、有机质含量高、含水率高、油脂和含盐量高、营养丰富、有毒有害物质少等理化特征。厨余垃圾的含水率在80％左右，营养物质主要为糖类、粗脂肪、粗蛋白和粗纤维，粗脂肪所占比例为14.2％～25.2％，粗蛋白所占比例为13.9％～23.4％，粗纤维所占比例为2.3％～14.1％。目前，我国厨余垃圾产气潜力为50～100m³/t，瑞典等先进水平国家单位厨余垃圾产沼气能力为100～190m³/t。

根据中国城市环境卫生协会有机固废专业委员会统计，2019年全国建设厨余垃圾处理工程2.25万t/d，每吨厨余垃圾产沼气能力按80m³计算，年产沼气量6.57亿m³。

根据目前文献报道的生活垃圾成分（董越勇等，2016；王涵等，2020），预计到2025年全国生活垃圾中厨余垃圾占50％，则产量约为 1.65 亿 t。按照厨余垃圾收集系数 50％、资源沼气化利用率 90％、单位厨余垃圾产沼气能力为 100m³ 计算，2025 年厨余垃圾可获得沼气生产潜力约为 74.0 亿 m³。

2030 年厨余垃圾按占比 50％计算，约为 1.85 亿 t。按照厨余垃圾收集系数 70％、资源沼气化利用率 90％、单位厨余垃圾产沼气能力按 150m³ 计算，厨余垃圾厌氧消化可获得沼气生产潜力为 174.8 亿 m³。

2060 年厨余垃圾按占比 50％计算，约为 1.9 亿 t，按照厨余垃圾收集系数 100％、资源沼气化利用率 90％、单位厨余垃圾产沼气能力按 200m³ 计算，厨余垃圾厌氧消化可获得沼气生产潜力为 342.0 亿 m³。

3. 污泥

污泥中有机质含量在 2003 年为 36.4％、2008 年为 41.2％、2013 年为 51.4％，显示其中有机质含量呈现逐渐增加趋势。目前，我国污泥产沼气潜力为 40～45m³/t，德国污泥产沼气资源利用率为 50％，每吨污泥产沼气能力为 60m³。

2019 年污泥无害化处置率 70％，资源沼气化利用率 15％，每吨污泥产沼气 40m³，沼气产量为 2.0 亿 m³。根据《"十四五"城镇污水处理及资源化利用发展规划》（发改环资〔2021〕827 号），预测 2025 年污泥无害化处置率 90％，资源沼气化利用率 20％，每吨污泥产沼气 40m³，可获得沼气生产潜力为 5.2 亿 m³；2030 年污泥无害化处置率 95％，资源沼气化利用率 30％，每吨污泥产沼气 50m³，可获得沼气生产潜力为 14.6 亿 m³；2060 年污泥无害化处置率 98％，资源沼气化利用率达到 50％，每吨污泥产沼气 60m³，可获得沼气生产潜力为 27.1 亿 m³。

4. 填埋气

根据实际工程案例,填埋场理论产气潜力为 $120\sim150\mathrm{m}^3/\mathrm{t}$,当前取 $150\mathrm{m}^3/\mathrm{t}$。随着原生垃圾零填埋以及垃圾分类的推进,进入填埋场的垃圾以无机物为主,有机易腐垃圾量逐渐减少,因此填埋场产气潜力也随之降低。2019 年城市生活垃圾清运量为 24206 万 t,填埋处置量为 10948 万 t,填埋处置占比约为 45%,填埋产气量为 $150\mathrm{m}^3/\mathrm{t}$,可获得填埋气产量为 164.2 亿 m^3。随着焚烧处置设施的大范围推广,城市生活垃圾填埋量将急速下降。预测 2025 年、2030 年、2060 年城市生活垃圾填埋处置量占比约为 35%、20%、5%,填埋量为 1.15 亿 t、0.74 亿 t、0.23 亿 t(包括农村生活垃圾),填埋产气量为 $130\mathrm{m}^3/\mathrm{t}$、$100\mathrm{m}^3/\mathrm{t}$、$80\mathrm{m}^3/\mathrm{t}$,可获得填埋产气量约为 149.7 亿 m^3、74.0 亿 m^3、18.4 亿 m^3(图 3-4)。

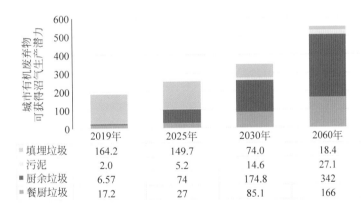

图 3-4 2025—2060 年城市有机废弃物可获得沼气生产潜力预测(单位:亿 m^3)

3.2.3 工业有机废水

根据第二次全国污染源普查工业源系数手册(试用版)中对单位产品的废水产水率和 COD 排放系数,以及工程实践中厌氧工艺对工业废水的去除率,折算吨废水的沼气产率,从而得出不同行业的沼气资源量。不同行业的工业有机废水水质差异较大,产沼气潜力也有较大差别。酒精、葡萄酒、淀粉、氨基酸、柠檬酸、酵母等行业沼气潜力在 $12\sim30m^3/t$,制糖、酿酒、造纸等行业沼气潜力在 $0.23\sim3m^3/t$(部分数据取同行业加权平均值)。通过分析预测每个行业不同时期产品的产量,可测算其废水产生量和对应的沼气产量,分别得到废水和沼气的总产量,并可测算吨废水的平均沼气产量。

2019 年,12 个轻工行业可获得沼气生产潜力为 228 亿 m^3,吨水沼气产量为 $5m^3$;4 个非轻工行业总沼气潜力为 39.6 亿 m^3,吨水沼气产量为 $2m^3$。废水总沼气潜力为 267.6 亿 m^3。据不完全统计,截至 2019 年年底,我国工业废水沼气年回收量约 85 亿 m^3,约占废水沼气资源总量的 31%。

测算预计到 2025 年,12 个轻工行业可获得沼气生产潜力为 300 亿 m^3,吨水沼气产量为 $6m^3$;4 个非轻工行业可获得沼气生产潜力为 48.2 亿 m^3,吨水沼气产量为 $2m^3$。工业废水年产生量将达到 74.1 亿 t,通过沼气回收率约为 50%,可获得沼气生产潜力约 174.1 亿 m^3。

到 2030 年,12 个轻工行业可获得沼气生产潜力为 331.8 亿 m^3,吨水沼气产量为 $6m^3$;4 个非轻工行业可获得沼气生产潜力为 57.4 亿 m^3,吨水沼气产量为 $2m^3$。工业废水年产生量将达到 84 亿 t,沼气回收率达到 80%,可获得的沼气生产潜力约 311.3 亿 m^3。

预计到 2060 年,12 个轻工行业 67.1 亿 t 废水可获得沼气生产潜力为 536.8 亿 m^3,吨水沼气产量为 $8m^3$;4 个非轻工行业 31.1 亿 t 废水可获得沼气生产潜力为 62.2 亿 m^3,吨水沼气产量为 $2m^3$,预计可全部通过沼气回收,工业废水可获得总沼气潜力将达 599 亿 m^3(图 3-5)。

综上所述,当前可用于沼气生产的农业农村有机废弃物、城市

图 3-5　2025—2060 年工业有机废水可获得沼气生产潜力预测（单位：亿 m³）

有机废弃物、工业废水资源量分别约为 42.7 亿 t、3.5 亿 t、65.4 亿 t。如果将上述资源全部用于沼气高效生产，可产生沼气的最大潜力为 5400 亿 m³，可实现温室减排潜力 9.6 亿 t CO₂ 当量，减排潜力巨大。

　　但是，考虑到不同阶段社会经济发展状况、技术进步水平，预测了 2025 年、2030 年可获得沼气生产潜力分别约为 950 亿 m³、1630 亿 m³（表 3-2），分别相当于可以替代 2020 年全国 17%、30% 的天然气消费量；如全部用于发电分别可形成 1900 亿 kW·h、3260 亿 kW·h 发电量。

表 3-2　有机废弃物厌氧消化沼气生产潜力预测

年　份	可获得沼气生产潜力/亿 m³			
	农业农村	城市	工业	总计
2025	520	260	170	950
2030	970	350	310	1630
2060	2540	550	600	3690

　　到 2060 年，可获得沼气生产潜力 3690 亿 m³（表 3-2），相当于可以替代 2020 年全国 68% 的天然气消费量，或 2020 年天然气进口量的 1.5 倍以上；如全部用于发电可形成 7380 亿 kW·h 发电量，相当于 2020 年全国用电量的近 10%；若折算成能源，则相当

于 2020 年全国近 6% 的能源消费量。这不仅可以为我国有机废弃物资源化综合利用、生态环境保护做出贡献，还可以为我国能源安全提供充分保障。

　　如果再考虑上述有机废弃物甲烷和氧化亚氮等温室气体的减排，其获得的潜力将会更大。因此说，以厌氧消化工艺为主的沼气生产与应用将会为我国双碳目标发挥重要作用。

甲烷减排篇

第4章　动物粪便管理甲烷排放与减排

4.1　粪便管理的甲烷排放

4.1.1　粪便管理甲烷排放定义

联合国政府间气候变化专门委员会

联合国政府间气候变化专门委员会（Intergovernmental Panel on Climate Change，IPCC）旨在为决策人提供对气候变化的科学评估及其带来的影响和潜在威胁，并提供适应或减缓气候变迁影响的相关建议。IPCC 的主要成果包括：评估报告、特别报告、方法报告、技术报告，每份报告以非专业人士易于理解的方式编写，力求确保全面反映现有各种观点，并使之具有政策相关性，但不具有政策指示性。2021 年最新的 IPCC 第六次评估报告（AR6）发布。

动物粪便管理甲烷排放是指畜禽粪便施入土壤之前动物粪便储存和处理所产生的甲烷。这里的"粪便"是指家畜排泄的粪便和尿液，即同时包括固态和液态部分。普遍采用活动水平和排放因子乘积进行计算，活动水平主要指畜禽养殖类别和数量，排放因子可以根据排放源排放量占比情况采用 IPCC 推荐排放因子（如马、驴、骡等排放量占比较小的非关键排放源），或采用 IPCC 推荐公式和本国特有参数核算排放因子（如猪、牛、羊、家禽等关键排放源）（Eggleston H S et al.，2006）。《2006 年 IPCC 国家温室气体清单指南 2019 修订版》中粪便管理的排放因子计算式如下：

$$EF_{(T)} = (VS_{(T)} \times 365) \left[B_{0(T)} \times 0.67 \times \sum_{S,k} \frac{MCF_{(S,k)}}{100} \times AWMS_{(T,S,k)} \right]$$

$$(4\text{-}1)$$

式中，$EF_{(T)}$ 为第 T 种畜禽的粪便甲烷排放因子，单位为 $kgCH_4/$（只·年）；$VS_{(T)}$ 为第 T 种畜禽日挥发性固体排泄量，单位为 $kgTS/$（只·d）；365 为计算年挥发性固体排泄量产量的系数，单位为 d/a；$B_{0(T)}$ 为第 T 种畜禽的粪便甲烷生产潜力，单位为 $m^3CH_4/kgVS$；0.67 为甲烷密度，单位为 kg/m^3；$MCF_{(S,k)}$ 为在 k 气候区各类管理系统 S 的甲烷转化因子，单位为 %；$AWMS_{(T,S,k)}$ 为在 k 气候区第 T 种畜禽通过管理系统 S 处理比例，无量纲（Calvo B E et al.，2019）。

4.1.2　畜禽粪便管理甲烷排放的主要影响因素

动物畜禽粪便在储存和处理过程中甲烷的排放主要取决于畜禽的粪便特性（最大甲烷生产潜力）、管理方式和当地气候条件等（国家发展和改革委员会应对气候变化司，2014）。IPCC 国家温室气体清单指南中指出：影响甲烷排放的主要因素是生产的粪便量和粪便无氧降解的比例。前者取决于每头家畜的废物产生率和家畜的数量，而后者取决于如何进行粪便管理。当粪便以液体形式储存或管理时（如在化粪池、池塘、粪池或粪坑中），粪便无氧降解，可产生大量的甲烷，储存装置的温度和滞留时间极大地影响到甲烷的产生量。当粪便以固体形式处理（如堆积或堆放）或者在牧场和草场堆放时，粪便趋于在更加耗氧的条件下进行降解，产生的甲烷相对较少。

1. 畜禽粪便甲烷生产潜力

粪便的甲烷产生潜力与畜种有关,表 4-1 为不同地区各类畜禽粪便的甲烷生产潜力(Calvo B E et al. ,2019)。

表 4-1　不同地区各畜禽粪便的甲烷生产潜力

$m^3CH_4/kgVS$

畜种	北美	西欧	东欧	大洋洲	其他地区	
					高产系统	低产系统
奶牛	0.24	0.24	0.24	0.24	0.24	0.13
非奶牛	0.19	0.18	0.17	0.17	0.18	0.13
水牛	0.10	0.10	0.10	0.10	0.10	0.10
猪	0.48	0.45	0.45	0.45	0.45	0.29
蛋鸡	0.39	0.39	0.39	0.39	0.39	0.24
肉鸡	0.36	0.36	0.36	0.36	0.36	0.24
绵羊	0.19	0.19	0.19	0.19	0.19	0.13
山羊	0.18	0.18	0.18	0.18	0.18	0.13
马	0.30	0.30	0.30	0.30	0.30	0.26
驴、骡	0.33	0.33	0.33	0.33	0.33	0.26
骆驼	0.26	0.26	0.26	0.26	0.26	0.21
各类动物放牧或放养	0.19	0.19	0.19	0.19	0.19	0.19

资料来源: Calvo B E, Tanabe K, Kranjc A, et al. 2019 Refinement to the 2006 IPCC guidelines for national greenhouse gas inventories[M]. Switzerland: IPCC,2019.

2011 年,我国发布的《省级温室气体清单编制指南(试行)》中提出粪便最大甲烷生产能力随动物种类和日粮变化有所不同,建议采用 IPCC 清单指南中推荐的默认值,并提供了主要动物粪便最大甲烷生产能力缺省值(表 4-2)。

表 4-2 我国不同动物粪便的最大甲烷生产潜力

$m^3 CH_4/kgVS$

动物类型	最大甲烷生产能力		
	规模化养殖	农户散养	放牧
奶牛	0.24	0.13	0.13
非奶牛	0.19	0.10	0.10
水牛	0.10	0.10	—
猪	0.45	0.29	—
山羊	0.18	0.13	0.13
绵羊	0.19	0.13	0.13

资料来源：国家发展改革委.省级温室气体清单编制指南(试行)[R].2011.

另外,也有学者对我国特定地区或特定畜禽品种的粪污甲烷生产潜力进行了实测研究,并以文献的形式对研究结果进行发表和公布。因此,在今后的计算中,应采用 IPCC 清单指南、省级温室气体清单编制指南、学者实测研究数据分别进行计算,在对比分析的基础上及时修正和更新省级或国家缺省数据。

本报告以《中华人民共和国气候变化第二次两年更新报告》公布数据为预测基础,相关数据核算时参考《中国 2008 年温室气体清单研究》公布的方法,选用《2006 年 IPCC 国家温室气体清单指南 2019 修订版》推荐的畜禽粪便甲烷产生潜力缺省值。

2. 粪便管理系统

不同粪便管理系统对于畜禽粪便甲烷生产潜力的影响存在差异,在我国主要的管理方式有 10 余种,表 4-3 为主要的粪便管理系统定义。

表 4-3　各类粪便管理系统的定义

管 理 系 统	定 义
放牧/放养	牧场和草场放牧家畜的粪肥堆积在原地,不进行管理
每日施肥	排泄后的 24h 内,粪便例行从圈养设施中清除并施于农田或草场
固体储存	通常粪便自由堆积或堆放储存数月。由于存在粪污中可能包含的铺垫材料或蒸发水分损失,粪肥能够被堆放。固体存储可以覆盖或压实。在某些情况下,添加填充剂或添加剂
自然风干	由于没有明显的植被覆盖的露天区域铺砌,可不进行垫层添加控制水分。粪便定期清除并在田地上撒播
液体储存	粪便作为排泄物存储或加入少量水储存在家畜栖息地外的化粪池或储粪罐中,通常储存时期少于一年
氧化塘	被设计用来稳定和储存废弃物的液体储存系统。厌氧塘中的水可以循环利用冲洗粪肥或用于田地灌溉和施肥
沼气池	通过厌氧消化的方式处理粪污,收集并利用产生的沼气(CH_4 和 CO_2)
燃烧	粪便和尿液直接排到地面,晒干的粪饼用作燃料燃烧
堆肥	通过堆肥进行处理,可以通过容器中、静态堆置、条垛式等多种方式
垫草垫料	随着粪肥累积,在整个生产循环中持续添加铺垫以吸收水分,时间可能长达 6～12 个月。此粪便管理系统亦称为层状粪便管理系统,并可能与干燥育肥场或牧场结合使用
耗氧处理	以液体形式收集的粪肥的生物氧化过程,进行强制通风或自然通风

资料来源: Calvo B E, Tanabe K, Kranjc A, et al. 2019 Refinement to the 2006 IPCC guidelines for national greenhouse gas inventories[M]. Switzerland: IPCC, 2019.

3. 粪便管理系统的甲烷排放因子

畜禽粪便管理系统的甲烷转化因子(MCF)指通过各种管理系统管理粪污时,粪污甲烷生产潜力排放的比例,此值与温度、储存或使用时间等有关,表 4-4 列出了《2006 年 IPCC 国家温室气体清单指南 2019 修订版》推荐的默认甲烷转换因子。

表 4-4　各类粪便管理系统的甲烷转换因子　　　　　%

管理系统		寒带	温带	热带
放牧/放养		0.47	0.47	0.47
每日施肥		0.10	0.50	1.00
固体储存		2.00	4.00	5.00
自然风干		1.00	1.50	2.00
液体储存	1个月	4～8	13～15	25～42
	3个月	8～16	24～28	43～62
	4个月	9～19	29～32	50～68
	6个月	14～26	37～41	59～76
	12个月	20～42	55～64	73～80
氧化塘		49～60	73～76	80
沼气池	低泄漏	1.00～4.59	1.00～4.59	1.00～4.59
	高泄漏	9.59～13.17	9.59～13.17	9.59～13.17
燃烧		10.00	10.00	10.00
堆肥		0.50～1.00	0.50～2.00	0.50～2.50
垫草	大于1个月	14～21	37～41	59～74
	小于1个月	2.75	6.50	18
耗氧处理		0.00	0.00	0.00

资料来源：Calvo B E, Tanabe K, Kranjc A, et al. 2019 Refinement to the 2006 IPCC guidelines for national greenhouse gas inventories[M]. Switzerland：IPCC，2019.

4.2　我国畜禽粪便管理甲烷排放现状

4.2.1　国家信息通报

我国作为《联合国气候变化框架公约》非附件一缔约方，积极履行应尽的国际义务和责任，并提交了《中华人民共和国气候变化初始国家信息通报》《中华人民共和国气候变化第二次国家信息通报》《中华人民共和国气候变化第一次两年更新报告》《中华人民共和国气候变化第二次两年更新报告》和《中华人民共和国气候变化第三次国家信息通报》，全面阐述了中国应对气候变化的主要政策与行动及其相关信息，并报告了 1994 年、2005 年、2010 年、2012 年以及 2014 年国家温室气体清单。2014 年国家温室气体清单数据报道：我国畜禽粪便管理甲烷排放量约为 315.5 万 t，占农业活动甲烷排放的 14.2%（图 4-1）。

《联合国气候变化框架公约》

　　《联合国气候变化框架公约》(United Nations framework convention on climate change，UNFCCC，简称《公约》)是指联合国大会于 1992 年 5 月 9 日通过，1994 年 3 月 21 日生效的一项公约，由序言及 26 条正文组成，具有法律约束力，终极目标是将大气温室气体浓度维持在一个稳定的水平，在该水平上人类活动对气候系统的危险干扰不会发生。《公约》要求所有缔约方：提供温室气体各种排放源和吸收汇的国家清单；制订、执行、公布国家计划，包括减缓气候变化以及适应气候变化的措施；促进减少或防止温室气体人为排放的技术的开发应用；增强温室气体的吸收汇；制定适应气候变化影响的计划；促进有关气候变化和应对气候变化的信息交流；促进与气候变化有关的教育、培训和提高公众意识等。根据《公约》的规定，每一个缔约方都有义务提交本国的信息通报，包括温室气体源与汇国家清单，为履行《公约》所采取的措施和将要采取措施的总体描述，以及缔约方认为适合提供的其他信息。

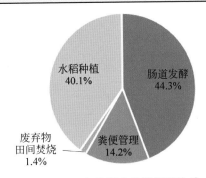

图 4-1　2014 年我国农业源甲烷排放

资料来源：中华人民共和国生态环境部应对气候变化司. 中华人民共和国气候变化第二次两年更新报告[R]. 2018

4.2.2　2020 年全国畜禽粪便管理甲烷排放估算

依据《2006 年 IPCC 国家温室气体清单编制指南 2019 修订版》《中国 2008 年温室气体清单研究》以及近年国内相关研究文献,确定了我国各省不同畜禽粪便管理系统的甲烷转化因子以及粪便管理系统使用占比情况。同时结合《中国畜牧兽医年鉴 2021》公布的2020 年我国各省畜禽养殖量数据,按照畜禽养殖规模化率为 67.5%(农业农村部《"十四五"全国畜牧兽医行业发展规划》),估算我国2020 年畜禽粪便管理甲烷排放量约为 300.7 万 t。其中猪饲养是畜禽粪便管理甲烷排放最主要的来源,占比达 69%,其次是养牛业,肉牛、水牛、奶牛养殖粪便管理的甲烷排放合计占比达到 22%,其余不同畜禽品种的粪便管理甲烷排放占比情况,如图 4-2 所示。

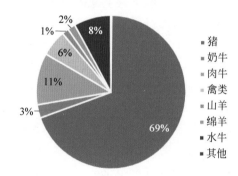

图 4-2　2020 年我国畜禽粪便管理甲烷排放占比情况

4.3　粪便管理甲烷减排的技术路径和潜力分析

4.3.1　减排技术

畜禽粪便的甲烷减排主要通过采用更低甲烷转化因子(MCF)的粪便管理措施,如表 4-4 中低泄漏的沼气工程 MCF 可低至 1%,

良好堆肥中 MCF 仅为 0.5%～2.5%,这两种管理系统远低于固体储存(MCF 为 2%～5%)、液体储存(MCF 为 4%～80%)、氧化塘(MCF 为 49%～80%)等。因此应优先采用沼气工程或堆肥的方式进行粪污处理,其中沼气工程兼具能源生产的效果,还可以提供能源替代进行减排。通过对奶牛养殖温室气体排放分析表明,粪污全量厌氧发酵后沼液沼渣还田、沼气回收利用,可使奶牛养殖全产业链温室气体减排 50% 以上,使粪污处理过程的甲烷排放减少 90% 以上(鞠鑫鑫等,2022)。

4.3.2　减排情景

根据沼气工程篇预测,由于人民生活质量的提升和人口变化,2025 年与 2020 年相比我国养殖规模将扩大 10%,2030 年与 2020 年相比养殖规模将增大 20%,随后养殖规模可能逐渐回落到一个稳定值,2060 年与 2020 年相比养殖规模高 7.5%;另外,国务院办公厅印发《关于促进畜牧业高质量发展的意见》要求我国畜禽养殖规模化率到 2025 年和 2030 年分别达到 70% 以上和 75% 以上,预计 2060 年我国畜禽养殖规模化率将达到 85%。根据以上依据,分高、中、低三种情景对我国畜禽粪便管理甲烷排放情况进行预测。

低减排情景考虑养殖规模的扩大以及养殖规模化率的提高,延续当前的粪污管理方式(厌氧消化 5%～10%);中减排情景考虑养殖规模的扩大,同时进行粪便管理方式的调整,厌氧消化处理的 MCF 由 2025 年的 8% 逐步降低至 2060 年的 3%(表 4-5);高减排情景在中减排情景的基础上,进一步提升厌氧消化技术应用比例和运行管理水平,厌氧消化处理的 MCF 由 5% 逐步降低至 1%(表 4-6)。

表 4-5 中减排情景粪便管理方式 ％

年份	综合利用率	厌氧消化/厌氧储存	堆肥处理	未利用	其他	厌氧消化MCF
2025	＞80	15～20	20～25	＜20	＜45	8
2030	＞85	25～30	25～30	＜15	＜35	5
2060	＞95	80～85	10～15	＜5	＜10	3

表 4-6 高减排情景粪便管理方式 ％

年份	综合利用率	厌氧消化/厌氧储存	堆肥处理	未利用	其他	厌氧消化MCF
2025	＞80	20～25	20～25	＜20	＜40	5
2030	＞85	35～40	25～30	＜15	＜25	2
2060	＞95	85～90	10～15	＜5	＜5	1

4.3.3 2025 年、2030 年、2060 年畜禽粪便甲烷排放预测

在动物粪便管理领域,针对低、中、高减排情景,预测 2025 年、2030 年、2060 年甲烷排放及变化情况,如表 4-7 所示。

表 4-7 2025 年、2030 年、2060 年粪便管理甲烷排放量及变化率预测

年份	低减排情景		中减排情景		高减排情景	
	排放量/万 t	变化率/％	排放量/万 t	变化率/％	排放量/万 t	变化率/％
2025	380.0	+20.4[a] +26.4[b]	344.8	+9.3[a] +14.7[b]	286.9	−9.1[a] −4.6[b]
2030	423.7	+34.2[a] +40.9[b]	305.6	−3.1[a] +1.6[b]	210.3	−33.3[a] −30.1[b]
2060	395.8	+25.5[a] +31.6[b]	208.4	−33.9[a] −30.7[b]	71.9	−77.2[a] −76.1[b]

注:a 指与 2014 年国家公布的粪便管理甲烷排放量相比的变化率;b 指与 2020 年全国粪便管理甲烷排放估算量相比的变化率。

与《中华人民共和国气候变化第二次两年更新报告》公布的2014 年粪便管理甲烷排放量(约 315.5 万 t)相比,在低减排情景下,预期 2025 年、2030 年、2060 年我国粪便管理甲烷排放分别增加64.5 万 t、107.8 万 t、80.0 万 t;中减排情景下,2025 年前甲烷排放仍会小幅增加 29.3 万 t 左右,2030 年、2060 年分别减少 10.2 万 t、107.3 万 t;高减排情景下 2025 年、2030 年、2060 年分别减少 28.6 万 t、105.4 万 t、243.7 万 t;在 2025 年低、中、高三种情景变化率分别为＋20.4％、＋9.3％、－9.1％,在 2030 年低、中、高三种情景变化率分别为＋34.2％、－3.1％、－33.3％,在 2060 年低、中、高三种情景变化率分别为＋25.5％、－33.9％、－77.2％。与 2020 年全国粪便管理甲烷排放估算量(约 300.7 万 t)相比,高减排情景下,2025 年、2030 年、2060 年分别减排 4.6％、30.1％和 76.1％。

4.3.4　厌氧技术助力畜禽粪便管理甲烷减排分析

全球增温潜势值

　　全球增温潜势值(global warming potential,GWP)是某一给定物质在一定时间积分范围内与二氧化碳相比而得到的相对辐射影响值,用于评价各种温室气体对气候变化影响的相对能力。一般通过计算机模拟来计算气体的 GWP 值。IPCC 最近三次评估报告中提供的甲烷100 年时间尺度内的全球增温潜势分别为 25(AR4)、28(AR5)和 27.9(AR6)。

如图 4-3 所示,只有力行"应气尽气",提高畜禽粪污沼气化处理比例到"高"的水平,才能保证今后甲烷排放逐步降低。通过提升厌氧消化技术应用比例和运行管理水平,高、低减排情景相比,2025 年、2030 年、2060 年可分别实现粪便管理甲烷最大减排 93.1 万 t、213.4 万 t 和 323.9 万 t,减排 CO_2 当量分别为 0.26 亿 t、0.60 亿 t 和0.91 亿 t(本书中甲烷全球增温潜势参考 IPCC 第五次评估报告取

值 28），减排量分别占当年低减排情景甲烷排放量的 24.5%、50.4%和 81.8%。图 4-4 展示了我国厌氧技术助力畜禽粪便管理甲烷减排的典型案例——山东省烟台市民和 3MW 特大型鸡粪沼气发电工程项目。

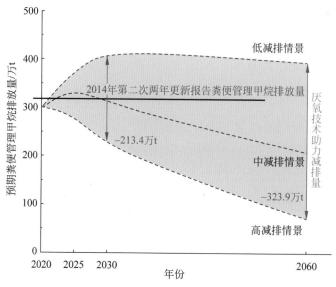

图 4-3　厌氧技术助力我国粪便管理甲烷减排预测

图 4-4　山东省烟台市民和 3MW 特大型鸡粪沼气发电工程项目

　　该项目日处理鸡粪 300t、冲舍水 300t，日产沼气 3 万 m^3，日均发电量 6.5 万 kW·h，年发电并网 2200 万 kW·h，年运行 8000h 以上，年甲烷减排约 7.5 万 t CO_2 当量；对氧化亚氮排放、沼气发电等综合计算后，项目的年减排量为 8.47 万 t CO_2 当量，2009 年 4 月该项目注册为清洁发展机制项目后，通过世界银行碳交易，年获碳减排收益约 700 万元。

第5章　稻田生产的甲烷排放与减排

　　农田作为甲烷排放的重要来源之一,已经有众多研究分析了稻田和旱地甲烷的排放问题。一般认为旱地农田的土壤甲烷排放通量为负值,即土壤是大气甲烷的吸收"汇"。目前对于农田甲烷排放的研究主要集中在稻田甲烷的排放,研究重点是水稻种植过程。我国是世界上最大的水稻生产和消费国,其种植面积占全球水稻种植总面积的18.5%。我国稻田甲烷排放占全球稻田甲烷排放的21.9%。因此,在全球气候变暖背景下,实现稻田甲烷减排增效对于保障国家粮食安全、减缓气候变化威胁、实现碳中和具有重要意义。但是,水稻生产直接关系国家粮食安全,任何减少稻田生态系统温室气体排放的措施,都不能以牺牲产量为代价,因而,本章在对我国当前稻田甲烷排放情况进行估算的基础上,结合养分循环和甲烷减排双重目标,分析了水稻秸秆离田厌氧发酵后,沼渣还田对甲烷排放的影响与减排潜力。

5.1　稻田生产的甲烷排放

5.1.1　稻田甲烷排放定义

　　稻田是重要的人为甲烷排放源之一,占全球人为甲烷排放的10%~13%(Wang Z et al.,2021)。稻田甲烷排放主要发生在土壤耕层的厌氧层。在厌氧条件下,土壤中有机物经厌氧微生物作用,水解和发酵后形成乙酸、二氧化碳和氢气等,而后生成甲烷(葛会敏等,2015)。稻田产生的大部分甲烷(70%～90%)在穿过土壤表层的好氧层和水稻根际好氧区两个氧气较为富集的区域时被氧化,只有少部分未被氧化的甲烷通过水稻植物体内部的通气组织、冒气泡和水中液相传输至大气(黄剑冰,2016;张广斌等,2011;颜晓元等,1997)。

5.1.2　稻田甲烷排放的主要影响因素

稻田甲烷排放是稻田土壤甲烷的产生、转化以及传输共同作用的结果,受土壤、温度、水分管理、肥料管理、品种选育和耕作制度等多因素的影响。相对于长期持续淹灌、晒田和间歇灌溉等水分管理措施可减少稻田甲烷排放;肥料利用种类会显著影响甲烷排放,施用沼渣被认为是既能增加水稻产量,又能减排的措施,但施用未经堆腐处理的有机肥会增加稻田甲烷排放;不同水稻品种间甲烷排放量存在显著差异,高生物量的杂交稻品种一般通气组织较为发达,其排放量低于低生物量的常规稻品种(张晓艳等,2012);提高收获指数可以减少水稻根系分泌有机物,从而减少甲烷产生菌所需的底物,以此减少甲烷产生(江瑜等,2018);耕作方式通过影响土壤理化性质和生物学过程直接或间接的影响甲烷排放,在水旱两熟或多熟制种植模式中,旱地作物种植次数越多,水稻季甲烷排放就越少(Jiang Y et al.,2019)。少耕或免耕保持了土壤原有的孔隙结构,可以促进甲烷氧化,降低甲烷排放(宿敏敏等,2016)。

5.1.3　稻秸离田循环利用对甲烷减排的贡献分析

当前国家鼓励秸秆还田实现肥料化利用,其具有促进土壤有机质积累,增加土壤氮磷钾等养分含量,实现作物增产等效果。但与此同时,实践中发现秸秆直接还田时存在一些问题,如土传病虫害的高发、氮肥施用量增加等(Liu B et al.,2019),同时在水稻种植中秸秆直接还田无疑将增大有机物的输入量,进而导致甲烷排放的提升。"稻秸沼渣还田"是指在水稻收获时,秸秆离田进入沼气工程厌氧消化生产清洁能源沼气,并以去除产甲烷潜力后的沼渣形式还田。

在 IPCC 稻田甲烷排放层级 2 方法学中,甲烷排放因子的计算方法如式(5-1)所示:

$$EF = EF_o \times SF_i \times SF_p \times SF_s \times SF_r \times SF_j \qquad (5-1)$$

式中,EF 为稻田甲烷排放因子,单位为 $kgCH_4/(ha \cdot d)$;EF_o 为基准排放因子,单位为 $kgCH_4/(ha \cdot d)$;SF_i 为生态系统和水分管理换算系数,无量纲;SF_p 为季前水分管理换算系数,无量纲;SF_s 为土壤类型转换系数,无量纲;SF_r 为水稻品种转换系数,无量纲;SF_j 为有机物添加类型和数量变化转换系数,无量纲。

其中,改变秸秆离田后还田方式,可以直接影响有机物的添加类型和数量,降低系数 SF_j,从而降低甲烷排放因子。SF_j 的计算参考式(5-2):

$$SF_j = (1 + \sum_{m=1}^{n} ROA_m \times CFOA_m)^{0.59} \qquad (5-2)$$

式中,ROA_m 为第 m 种有机添加物的施用率,单位为 t/ha,秸秆为干重,其他为鲜重;$CFOA_m$ 为第 m 种有机添加物的转换系数,无量纲。

表 5-1 提供了有机添加物的转换系数 $CFOA_m$,秸秆堆肥还田的有机添加物的转化系数明显低于秸秆直接还田;而沼气工程由于可以更大程度上去除甲烷生产潜力,根据 CH_4MOD 模型中堆肥和沼渣的非结构有机物与结构有机物比例(Huang Y,2004),进入农田的沼渣有机添加物的转换系数甲烷排放率约为堆肥的

55％,可实现更大程度减排。

表 5-1　有机添加物的转换系数 CFOA$_m$

有机添加物	转换系数	误差范围
种植前不久进行秸秆还田	1.00	0.85～1.17
种植前很久进行秸秆还田	0.19	0.11～0.28
堆肥	0.17	0.09～0.29
农场粪肥	0.21	0.15～0.28
绿肥	0.45	0.36～0.57

资料来源:晏珍梅,孙辉,郭建斌,等. 基于沼气工程的稻田甲烷排放减半策略[J]. 中国沼气,2022,40(3):3-8.

晏珍梅等基于上述方法研究发现:与秸秆直接还田相比,秸秆沼渣还田不减少秸秆对农田有机质和养分的贡献,但可减少甲烷排放 15％～40％(晏珍梅等,2022)。

5.2　我国稻田甲烷排放现状

5.2.1　国家信息通报

> **稻田甲烷排放模型 CH$_4$MOD**
>
> **稻田甲烷排放模型 CH$_4$MOD** 是中国科学院大气物理研究所相关技术团队开发的稻田甲烷排放模型,该模型基于对稻田甲烷产生、氧化和传输过程的研究,可以有效地模拟不同气候、土壤及农业管理下的稻田甲烷排放,在中国进行了广泛的验证,具有广泛的适应性和良好的解释性,是《2006 年 IPCC 国家温室气体清单指南》推荐用以模拟估算稻田甲烷排放的模型之一。

　　《中华人民共和国气候变化第二次两年更新报告》显示，采用我国稻田甲烷模型 CH_4MOD 核算，2014 年我国水稻种植甲烷排放总量为 891.1 万 t，占全国农业活动甲烷排放的 40.1%，其中生长季排放约 777.1 万 t，冬水田排放约为 114 万 t。2014 年我国各省份水稻种植面积、秸秆还田比例和甲烷排放量如表 5-2 所示。

表 5-2　2014 年我国各省水稻种植过程甲烷排放量

地区	播种面积 /(10^3ha)	还田率 /%	生长季排放量 /万 t	冬水田排放 /万 t
北京	0.18	60.0	0.0047	0
天津	22.25	20.0	0.6381	0
河北	80.49	47.0	2.2875	0
山西	0.99	36.0	0.0221	0
内蒙古	85.96	18.0	1.8840	0
辽宁	492.12	31.0	16.5800	0
吉林	757.01	18.0	18.2272	0
黑龙江	3968.48	35.0	58.1225	0
上海	111.25	33.0	3.1972	0
江苏	2236.70	33.0	62.2437	0
浙江	678.09	24.0	15.5685	1.367
安徽	2367.52	30.0	55.1067	0
福建	716.50	36.0	16.0742	6.938
江西	3584.63	37.0	83.7935	7.763
山东	123.24	24.0	3.3366	0
河南	614.65	35.0	24.1464	0
湖北	2393.42	38.0	72.2904	14.926
湖南	4214.23	51.0	115.8699	18.512
广东	1848.40	41.0	60.0034	16.641
广西	1927.09	26.0	50.4146	12.448
海南	293.76	38.0	10.3614	3.521
重庆	650.78	17.0	19.8539	8.701
四川	1892.36	14.0	53.7439	14.342
贵州	714.13	15.0	12.9226	3.542

地区	播种面积 /(10^3ha)	还田率 /%	生长季排放量 /万 t	冬水田排放 /万 t
云南	949.38	25.0	14.0577	5.206
西藏	0.99	15.0	0.0127	0
陕西	108.68	32.0	2.1567	0.355
甘肃	4.72	27.0	0.0709	0
青海	0.00	0.0	0	0
宁夏	78.05	7.0	1.4062	0
新疆	82.58	13.0	2.6966	0
全国	30998.64		777.0940	114.262

注：根据播种面积加权，2014 年我国稻秸还田率约为 33.6%。

5.2.2 2020 年稻田甲烷排放

根据我国稻田甲烷模型 CH_4MOD 核算的 2014 年各省稻田（不含冬水田）甲烷排放数据，结合《中国农业年鉴》(2021 年版)公布的 2020 年我国各省水稻种植面积，按照 2020 年稻秸综合还田率达到 50% 估算，我国 2020 年稻田甲烷排放量约为 864.0 万 t。

5.3 秸秆离田循环利用甲烷减排潜力分析

5.3.1 减排技术与情景

我国正不断推动秸秆综合利用，采用秸秆厌氧发酵后的沼渣还田方式替代直接还田可有效降低农田的甲烷排放，具体计算根据《2006 年 IPCC 国家温室气体清单指南》推荐的 CH_4MOD 模型，考虑秸秆机械回收系数为 74%。

84

如表 5-3 所示,本报告中低减排情景设定为不改变秸秆还田方式,2025 年、2030 年、2060 年秸秆肥料化利用率分别为 65%、70%、75%;中减排情景是在低减排情景的基础上,2025 年、2030 年、2060 年分别有 10%、20%、35%的秸秆离田后厌氧发酵利用沼渣还田;高减排情景是在低减排情景的基础上,2025 年、2030 年、2060 年分别有 20%、40%、75%的秸秆离田后厌氧发酵利用沼渣还田。

表 5-3 秸秆利用减排的情景 %

年份	肥料化利用率	秸秆离田后沼渣还田率		
		低减排情景	中减排情景	高减排情景
2025	65	0	10	20
2030	70	0	20	40
2060	75	0	35	75

5.3.2 2025 年、2030 年、2060 年秸秆利用与甲烷排放预测

根据 CH_4MOD 模型计算得出,在上述三种减排情景下,与 2014 年国家报道的水稻生长季排放量(约 777.1 万 t)相比,预期我国 2025 年、2030 年、2060 年(表 5-4),低减排情景下,随着秸秆肥料化利用率增加,甲烷排放分别增加 167.3 万 t、194.2 万 t、221.1 万 t,中减排情景甲烷排放增加 138.4 万 t、136.5 万 t、120.1 万 t,高减排情景甲烷排放增加 109.6 万 t、78.8 万 t、4.7 万 t;在 2025 年低、中、高三种情景下,较 2014 年国家温室气体清单报道值,甲烷排放分别增加 21.5%、17.8%、14.1%,在 2030 年低、中、高三种情景,甲烷排放分别增加 25.0%、17.6%、10.1%,在 2060 年低、中、高三种情景,甲烷排放分别增加 28.5%、15.5%、0.6%。与 2020 年全国稻田甲烷生长季排放估算量(864.0 万 t)相比,高减排情景

下,2025年、2030年、2060年分别增加2.6%、降低0.9%和降低9.5%。高减排情景下,2025年稻田甲烷排放仍然高于2020年的原因在于提高了稻秸还田率,总体上增加了稻田的甲烷排放;事实上2060年高减排情景下,如果实现100%还田稻秸的沼气化,相对于低减排情景,2060年可实现甲烷减排30%以上。

表5-4　2025年、2030年、2060年稻田甲烷排放量及变化率预测(未计冬水田)

年份	低减排情景		中减排情景		高减排情景	
	排放量/万t	变化率	排放量/万t	变化率	排放量/万t	变化率
2025	944.4	+21.5%[a] +9.3%[b]	915.5	+17.8%[a] +6.0%[b]	886.7	+14.1%[a] +2.6%[b]
2030	971.3	+25.0%[a] +12.40%[b]	913.6	+17.6%[a] +5.7%[b]	855.9	+10.1%[a] -0.9%[b]
2060	998.2	+28.5%[a] +15.5%[b]	897.2	+15.5%[a] +3.8%[b]	781.8	+0.6%[a] -9.5%[b]

注:a表示与2014年稻田生长季甲烷排放量相比的变化率;b表示与2020年稻田生长季甲烷排放量相比的变化率。

5.3.3　沼气工程助力稻田生产甲烷减排分析

在稻田管理领域,消除稻田中有机质的产甲烷潜力,稻秸离田沼渣还田是解决稻田甲烷排放的根本途径。图5-1展示了未来沼气工程助力我国稻田甲烷减排的潜力。与延续当前推动秸秆直接还田的策略相比(低减排情景),高减排情景通过推动秸秆离田后进行沼气发酵,然后通过沼渣还田替代直接还田,在2025年、2030年、2060年分别可减少甲烷排放57.7万t、115.4万t、216.4万t,减排量分别约占当年低减排情景排放量的6.1%、11.9%和21.7%。

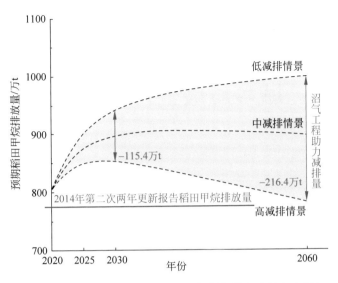

图 5-1 秸秆沼渣还田助力稻田甲烷减排预测(未计冬水田)

第6章 城乡垃圾处理甲烷排放与减排

6.1 城乡垃圾处理的甲烷排放

根据 IPCC 国家温室气体清单指南编制要求,国家温室气体清单主要领域包括能源活动、工业生产过程、农业活动、土地变化利用和林业、废弃物处理以及其他等。按照处理方式将废弃物处理领域划分为 4 个类别,分别为填埋处置、生物处理、小型焚烧和露天焚烧以及废水处理和排放。需要特别说明的是,含有余热利用的垃圾焚烧,如焚烧发电的温室气体排放统计在能源领域,对于没有余热利用的焚烧及露天焚烧排放的二氧化碳统计在废弃物领域。

与城乡垃圾处理相关的甲烷排放分别来自于填埋处置和生物处理,填埋场是最重要的甲烷排放源之一,因此本章重点对城乡生活垃圾填埋处置甲烷排放展开研究。

在我国,生活垃圾填埋处置一直处于重要地位,在过去的十几年间是主要的处置手段。生活垃圾中含有大量有机物,进入填埋处置场时,在填埋场的厌氧环境中,经过生物作用产生填埋气(甲烷与二氧化碳的混合气体)。

6.2 城乡垃圾处理甲烷排放现状

6.2.1 城乡垃圾清运及处理量

根据中华人民共和国住房和城乡建设部统计年鉴,2006—2020年,我国城乡生活垃圾清运量,如图 6-1 所示。2006 年,我国城乡生活垃圾清运量为 2.11 亿 t,其中城市和县城清运量约为 1.48 亿 t 和 0.63 亿 t。2020 年我国城乡生活垃圾清运量为 3.03 亿 t,城市和县城生活垃圾清运量约为 2.35 亿 t 和 0.68 亿 t。在过去的十余年间,城市生活垃圾清运量增长了 59%,一方面是由于我国城镇化速率加快,农村人口不断向城市转移;另一方面是由于我国环卫体系的发展及完善,清运面积已基本全面涵盖。县城生活垃圾清运量基本维持在 7000 万 t 左右。

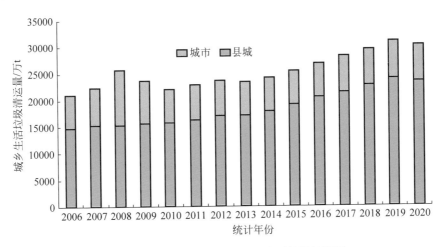

图 6-1　2006—2020 年我国城乡生活垃圾清运量

2006—2020 年,我国城市、县城生活垃圾清运量及处理处置技术选择分别如图 6-2 和图 6-3 所示。清运的城乡生活垃圾,部分可实现无害化处理。无害化处理技术一般选择卫生填埋、焚烧及其他(即生物处理,以好氧堆肥、厌氧消化为主),未能实现无害化处理的生活垃圾一般采用露天堆放,即简易填埋。

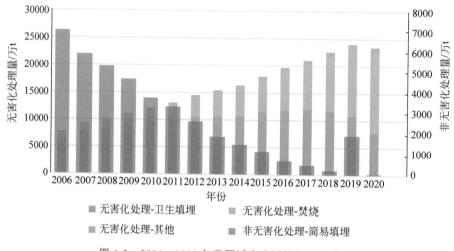

图 6-2　2006—2020 年我国城市生活垃圾处理方式

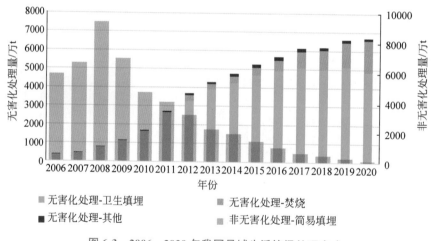

图 6-3　2006—2020 年我国县城生活垃圾处理方式

2006 年我国城市生活垃圾清运量约为 1.48 亿 t,无害化处理量 7834 万 t,无害化处理率为 52.9%。2020 年我国城市生活垃圾清运量约为 2.35 亿 t,无害化处理率已达 99.8%。

2006 年我国县城生活垃圾清运量为 6266 万 t,其中 400 万 t

实现了无害化处理,无害化处理率仅为 6.4%。2020 年我国县城生活垃圾清运量为 6810 万 t,其中 6691 万 t 可实现无害化处理,无害化处理率已达 98.3%。

由于无害化处理水平的不断提升,简易填埋量呈现逐年减少的趋势(图 6-4)。城市生活垃圾简易填埋量已从 2006 年的 7007 万 t 降低至 2020 年的 59 万 t。县城生活垃圾简易填埋量也降低至 2020 年的 118 万 t。

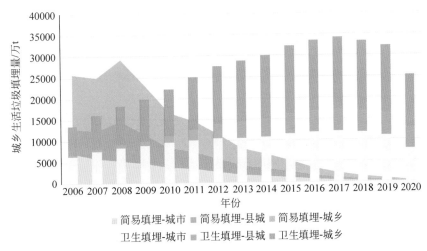

图 6-4 2006—2020 年我国城乡生活垃圾卫生填埋及简易填埋量

城乡生活垃圾卫生填埋量由 2006 年的 6770 万 t 持续增长至 2017 年的 1.71 亿 t,达到峰值,随后呈现下降趋势,降至 2020 年 1.26 亿 t。城乡生活垃圾简易填埋量也从 2006 年的 1.39 亿 t 降至 2020 年的 178 万 t。

城市生活垃圾无害化处理以焚烧为主,2020 年城市生活垃圾焚烧处理占比为 62%,卫生填埋处置占比 33%,生物处理占比为 5%。县城生活垃圾无害化处理以卫生填埋为主,2020 年县城生活垃圾卫生填埋占比 71%。焚烧占比 25%,生物处理仅占不足 2%。

6.2.2　城乡垃圾处理甲烷排放现状

根据国际一般经验,生活垃圾中的碳占比约为15%,化石碳在生活垃圾碳含量中的占比为1/3～1/2,因此设定1t生活垃圾含有100kg生物质碳,50kg化石碳。

结合IPCC方法、Scholl Canyon模型以及我国实际工程经验,计算我国城乡生活垃圾卫生填埋产气量时,有机碳含量取值10%,有机碳降解率取值90%,垃圾的产气速率取值0.3。卫生填埋场填埋产气会持续十几年之久,但大量产气时间约为10年,产气高峰期以第3～4年为计,则1t生活垃圾填埋10年时,总填埋气产量约为150m³。

根据《2006年IPCC国家温室气体清单指南》,生活垃圾填埋处置在废弃物控制、放置和场所的管理方面略有不同。简易填埋,即未管理的填埋处置场中一定数量生活垃圾产生的甲烷少于正规管理的卫生填埋产生的甲烷。这是由于在简易填埋场中,有相当大比例的生活垃圾是在上层进行的有氧分解。因此,根据国际经验,结合我国卫生填埋场及简易填埋场的管理情况,建议简易填埋场甲烷产气量根据当年简易填埋量计算,且简易填埋场甲烷产气量是卫生填埋场产甲烷量的0.2倍。

卫生填埋过程中,生物碳转化为CH_4和CO_2,体积各占一半。因此,按照卫生填埋1t生活垃圾理论产气量150m³计,甲烷产量约54kg/t生活垃圾。基于我国工程实践,结合理论测算,为简化计算,将1t生活垃圾卫生填埋10年内的总产气量(150m³)分配至各年份,填埋气实际产气规律如图6-5所示。按照简易填埋场甲烷产气量是卫生填埋场产甲烷量的0.2倍估算,则简易填埋1t生活垃圾,总产气量为30m³生活垃圾。

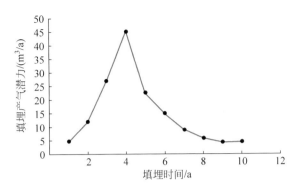

图 6-5　卫生填埋场填埋气实际产气规律

据欧盟报道,填埋场甲烷回收率不高,1990 年的甲烷收集率仅为甲烷总产量的 4%,其中,仅 2.6% 用于填埋气发电。2019 年甲烷的收集率提升至 35%,甲烷发电率为 31.6%。因此本研究设定我国城乡生活垃圾填埋场填埋气收集率为 25%,以此推测填埋气排放量。

综合考虑我国城乡生活垃圾填埋量(包括卫生填埋及简易填埋)、大量产气期间填埋气产气规律、填埋气收集率、甲烷温室潜力等因素,发现 2020 年填埋处置温室气体排放量最大,即达到排放峰值,之后随着填埋量的减少,温室气体排放量逐年下降。达峰时,卫生填埋甲烷排放量为 656 万 t,折合温室气体 1.84 亿 t CO_2 当量,简易填埋温室气体排放量为 1.9 万 t,折合温室气体 53 万 t CO_2 当量(表 6-1)。

表 6-1　2020 年城乡垃圾处理领域甲烷排放量　　　　万 t

类　　别	甲烷排放量
卫生填埋	656.0
简易填埋	1.9
总计	657.9

6.3 城乡垃圾处理甲烷减排的技术路径和潜力分析

6.3.1 主要的减排技术

我国在城乡垃圾处理方面的温室气体减排取得了巨大进步，也做出了突出的贡献。根据住房和城乡建设部城乡建设统计年鉴的数据，国内生活垃圾填埋量从 2017 年开始下降，2020 年焚烧处理量超过填埋量。按照 IPCC 的统一口径测算，2020 年内地固废领域（不包括污水处理）人均温室气体排放量为 124kg CO_2 当量，明显低于美国、欧盟、日本，处于国际领先水平。2019 年，美国固废领域（不包括污水处理）人均温室气体排放量为 361kg CO_2 当量，相应的欧盟为 214kg CO_2 当量、日本为 129kg CO_2 当量、加拿大为 699kg CO_2 当量。

焚烧发电替代卫生填埋是促进固废领域温室气体减排的根本举措。内地生活垃圾焚烧发电处理能力在 2020 年年底超过欧盟、美国与日本之和。未来几年，我国生活垃圾填埋处理量还将大幅度下降。

6.3.2 减排情景

根据国家统计年鉴，我国 2020 年人口数量为 14.12 亿；参照国务院关于印发《国家人口发展规划（2016—2030 年）》（国发〔2016〕87 号）的通知以及文献报道，到 2025 年、2030 年和 2060 年，我国人口数量将分别达到 14.5 亿、14.5 亿和 13 亿左右。

根据《第七次全国人口普查公报》，我国 2020 年城镇化率为 63.9%；参照《中国农村发展报告 2020》《城市蓝皮书：中国城市发展报告 No.12》和《城镇化蓝皮书：中国新型城镇化健康发展报告

（2016）》等，到 2025 年、2030 年和 2060 年，我国的城镇化率分别为 65.5%、70% 和 80%。

综合以上分析，我国生活垃圾清运量预测结果如"沼气工程篇"表 6-1 所示。

我国在城乡垃圾处理方面的温室气体减排取得了巨大进步，也做出了突出的贡献。根据住房和城乡建设部城乡建设统计年鉴的数据，国内生活垃圾填埋量从 2017 年开始下降，2020 年焚烧处理量超过填埋量。到 2021 年年底，我国建成并投入运行的生活垃圾焚烧发电厂已经达到 700 多座，总处理能力达到 85 万 t/d，预计未来几年，填埋场甲烷排放还将显著下降。与此同时，由于对可再生能源的重视，厌氧消化处理等技术占比也在不断增加。

根据我国政策引导及处理结构现状，在中减排情景下，设定 2025 年填埋、焚烧及厌氧消化的比例分别为 35%、60% 和 5%；2030 年的比例分别为 20%、65% 和 15%；2060 年的比例分别为 5%、70% 和 25%。在保证焚烧处理占比不变的情况下，通过对各年份填埋占比进行加减 10% 的处理，便形成了低减排情景和高减排情景（表 6-2）。

表 6-2　不同减排情景下生活垃圾处理比例的调整　　%

年份	处理方式	低减排情景	中减排情景	高减排情景
2025	填埋	38.5	35.0	31.5
	焚烧	60.0	60.0	60.0
	厌氧	1.5	5.0	8.5
2030	填埋	22.0	20.0	18.0
	焚烧	65.0	65.0	65.0
	厌氧	13.0	15.0	17.0
2060	填埋	5.5	5.0	4.5
	焚烧	70.0	70.0	70.0
	厌氧	24.5	25.0	25.5

6.3.3　2025 年、2030 年、2060 年城乡垃圾处理领域甲烷排放量预测

在城乡垃圾处理领域，针对低、中、高减排情景，2025 年、2030 年、2060 年甲烷排放预测值如表 6-3 和图 6-6 所示。与 2020 年甲烷排放量的估算值（658 万 t）相比，预计到 2025 年、2030 年、2060 年，低减排情景下，我国城乡生活垃圾处理甲烷排放分别减少 272 万 t、503 万 t、615 万 t，中减排情景甲烷排放减少 305 万 t、515 万 t、616 万 t，高减排情景甲烷排放减少 338 万 t、527 万 t、617 万 t；在 2025 年低、中、高三种情景下，较 2020 年估算值，甲烷排放分别减少 41.3%、46.3%、51.4%，在 2030 年低、中、高三种情景，甲烷排放分别减少 76.4%、78.3%、80.1%，在 2060 年低、中、高三种情景，甲烷排放分别减少 93.5%、93.6%、93.8%。

表 6-3　2025 年、2030 年、2060 年生活垃圾处理甲烷排放量及变化率预测

年份	低减排情景		中减排情景		高减排情景	
	排放量/万 t	变化率/%	排放量/万 t	变化率/%	排放量/万 t	变化率/%
2025	386.0	−41.3	353.0	−46.3	320.0	−51.4
2030	155.0	−76.4	143.0	−78.3	131.0	−80.1
2060	43.0	−93.5	42.0	−93.6	41.0	−93.8

注：变化率指与 2020 年估算的城乡生活垃圾处理甲烷排放量相比的变化率。

6.3.4　沼气工程助力城乡垃圾处理领域甲烷减排分析

高、低减排情景相比，2025 年、2030 年、2060 年沼气工程助力城乡垃圾处理领域甲烷减排量分别为 66 万 t、24 万 t 和 2 万 t，减

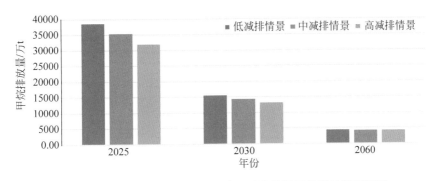

图 6-6　2025 年、2030 年、2060 年我国城乡垃圾甲烷排放情况预测

排量分别约占当年低减排情景排放量的 17.1%、15.5% 和 4.7%。图 6-7 展示了我国典型的垃圾处理领域沼气收集利用减排项目案例——青岛小涧西垃圾填埋场收集沼气发电项目。

图 6-7　青岛小涧西垃圾填埋场收集沼气发电项目

该项目满负荷运行,每天可利用 7.2 万 m^3 沼气,发电 7 万 kW·h,一年可发电 2000 多万 kW·h;项目特许经营期为 12 年(含一年建设期),是国家发展改革委和联合国清洁发展机制项目,11 年减排约 150 余万 t 二氧化碳,可通过碳汇交易获得约 1500 万欧元的收入。

第7章 城市污水处理甲烷排放与减排

7.1 城市污水系统的甲烷排放

7.1.1 城市污水系统的组成与排放源

城市污水系统是连接城市用水用户与城市水环境的基础设施系统,是城市公用设施的组成部分。城市污水系统由污水管网子系统和污水处理子系统两部分组成。城市用水用户的排水是系统的输入,污水由排水管道收集,送至污水处理厂经过一系列的物理化学过程后,最终排入水体或回收利用(董欣等,2011)。

城市污水系统中,产生甲烷的部位主要有化粪池、排水管网和污水处理厂。污水先流经化粪池,通过厌氧反应产生甲烷。再流入排水管网中,污水中的有机物被污水管壁和管底淤泥中的微生物利用产生甲烷。我国排水管网以重力流为主,生成的溶解态甲烷会在管道气液界面处发生传质,部分转化为气态甲烷并沿管道顶空在一定条件下从检查井散到环境中。最后,污水进入污水处理厂,从污水管网中产生的部分甲烷在污水厂的曝气池中通过曝气排到环境中,并且在污水厂的厌氧生物处理过程中会产生新的甲烷。

7.1.2 城市污水系统中甲烷排放量的估算方法

1. 化粪池甲烷产生量估算方法

中国对化粪池的甲烷产生量计算方法主要采用 IPCC 指南中提供的方法,可总结为式(7-1)(Bartram et al.,2019)。

$$CH_4 \, Emission = \%Urb \times Pop \times TOW \times B_0 \times MCF \qquad (7\text{-}1)$$

式中,$CH_4 \, Emission$ 指甲烷产生量,单位为 $kgCH_4/a$;$\%Urb$ 指城镇化率;Pop 指人口数;TOW 指人均有机物排放量,单位为 $kgBOD/(a \cdot 人)$;B_0 指最大 CH_4 产生能力,单位为 $kgCH_4/kgBOD$;MCF 指甲烷修正因子。

郝晓地等据此计算了 2015 年中国化粪池甲烷产量,结果约为 126 万 t(郝晓地等,2017)。其他研究者计算了 2019 年化粪池甲烷产量约为 266.4 万 t。

2. 污水管网系统甲烷产生量估算方法

目前,污水管网系统中的甲烷主要是根据 Guisasola 等开发的管道甲烷机理模型 SeweX 进行估算(Guisasola A et al.,2009)。他们认为甲烷主要是由污水管道生物膜中的产甲烷古菌(MA)利用污水中的有机物产生的。并且模型还考虑了产甲烷古菌与硫酸盐还原菌(SRB)对有机物的竞争作用。机理示意如图 7-1 所示,但目前此机理模型仅应用于上升有压流,而并未在重力流管道中得到验证,图中蓝色线表示 SRB 过程,黄色线表示 MA 过程。

原则上污水管网中甲烷(CH_4)的产生取决于污水温度(T)、生物膜以及水力停留时间(HRT),式(7-2)是 Chaosakul 等根据从泰国收集到的现场数据以及前人研究,总结出的重力流污水管道产甲烷的经验公式(Chaosakul T et al.,2014)。

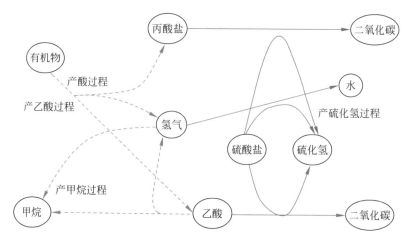

图 7-1 甲烷产生的生物模型机理示意

$$C_{CH_4} = 6 \times 10^{-5} \times 1.05^{(T-20)} \times \left(\frac{A}{V} \times HRT \right) + 0.0015 \quad (7\text{-}2)$$

式中，C_{CH_4} 指单位体积废水 CH_4 排放量，单位为 kg/m^3；T 指温度，单位为℃；A/V 指管道的面积体积比，单位为 m^2/m^3；HRT 指水力停留时间，单位为 h。

此外，John Willis 等根据 SeweX 模型的多次运算中总结出了上升有压流和重力流管道产 CH_4 的经验公式（Willis J et al.，2018），如式（7-3）和式（7-4）所示。

$$r_{CH_4-FM} = 3.452 \times D \times 1.06^{(T-20)} \quad (7\text{-}3)$$

$$r_{CH_4-GS} = 0.419 \times 1.06^{(T-20)} \times Q^{0.26} \times D^{0.28} \times S^{-0.135}$$

$$(7\text{-}4)$$

式中，r_{CH_4-FM} 指上升有压管甲烷排放量，单位为 $kgCH_4/(km \cdot d)$；r_{CH_4-GS} 指重力流管道甲烷排放量，单位为 $kgCH_4/(km \cdot d)$；D 指管道直径，单位为 m；T 指温度，单位为℃；Q 指管道流量，单位为 m^3/s；S 指坡度，单位为 m/m。

3. 污水处理厂 CH_4 产生量估算方法

中国对污水处理厂的甲烷产生量计算方法主要采用《2006 年

IPCC 国家温室气体清单指南 2019 修订版》提供的方法。IPCC 方法是从给定数量的可降解有机物中计算出最大甲烷量,这通常通过生化需氧量(BOD)或 COD 来表示。式(7-5)为市政污水处理厂 CH_4 排放的方程式。

$$E_{CH_4} = TOW \times EF - R \tag{7-5}$$

式中,E_{CH_4} 为 CH_4 的年排放量,单位为 $kgCH_4/a$;TOW 为污水中的有机质含量,单位为 $kgBOD/a$;EF 为排放因子,单位为 $kgCH_4/kgBOD$;R 为 CH_4 的回收量,单位为 $kgCH_4/a$。由于中国还没有大规模回收 CH_4,因此假设 R 的量为零。

排放因子(EF)按照式(7-6)计算:

$$EF = B_0 \times MCF \tag{7-6}$$

式中,B_0 为最大 CH_4 生产能力,单位为 $kgCH_4/kgBOD$;MCF 为 CH_4 校正系数,用于纠正不同处理工艺和管理水平下废水处理厂的 CH_4 排放。

7.2 我国城市污水系统甲烷排放现状

7.2.1 城市污水系统建设情况

中国城市污水系统在 2010—2020 年 10 余年内经历了高速发展。

如图 7-2 和图 7-3 所示,2010—2020 年,我国城市排水管网长度从 39.0 万 km 增至 80.3 万 km,污水年排放量由 378.7 亿 m^3 升至 571.4 亿 m^3,排放量增长 50.9%。中国城市污水处理厂座数由 1444 座增至 2618 座,污水处理厂处理能力由 10436 万 m^3/d 升至 19267 万 m^3/d,处理能力增长 84.6%。污水处理率随之由 82.3% 升至约 97.5%(《中国城市建设统计年鉴》,2020)。

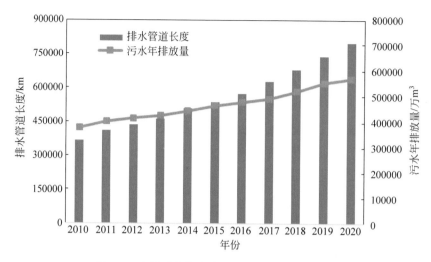

图 7-2 我国城市排水管网长度及污水年排放量

资料来源：《中国城市建设统计年鉴》，2020。

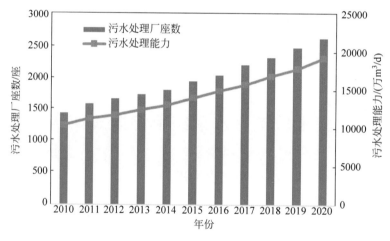

图 7-3 中国城市污水处理厂数量及污水处理能力

资料来源：《中国城市建设统计年鉴》，2020。

我国目前城市/城镇化粪池约有 200 万个，覆盖了绝大多数城市人口（郝晓地等，2017）。1999 年，杭州市出台规定，新建小区申请无化粪池的批文后，可实行污水直排入二级处理的污水处理厂集中处理，并于 2006 年发布《杭州市无化粪池污水管道设计与养护技术规程》（HZCG06—2006）。后上海、广州、山东和四川等地相继出台排水管理条例等,规定逐步取消市区化粪池,改造居民小区、公共建筑和企事业单位内部化粪池,新建居民小区、公共建筑和企事业单位取消内部化粪池,以提高城市污水处理厂进水可生化性。

7.2.2　城市污水系统甲烷排放现状估算方法

基于7.1.2节对城市污水处理系统中甲烷产生量的估算研究与我国城市污水处理系统统计数据,本部分依次介绍所采用的城市污水处理系统内化粪池、排水管网和污水处理厂甲烷排放的估算方法,方法中包含的假设与数据来源。

化粪池的甲烷排放核算方法参考《2006 年 IPCC 国家温室气体清单指南 2019 修订版》中提供的基本框架。假设城镇居民生活污水全部进入化粪池,则化粪池的甲烷排放估算方法如式(7-7)所示。其中,城镇化率与人口的数据来源为《中国城市建设统计年鉴》(中华人民共和国住房和城乡建设部,2020)。人均有机物排放量参考《污染源普查产排污系数手册》(第一次全国污染源普查资料编纂委员会,2011),取 10kgBOD/(a·人)。计算化粪池内有机物的甲烷排放因子时,最大甲烷产生潜力采用 2010 年国家发展改革委的推荐值 0.6kgCH$_4$/kgBOD,甲烷修正因子参考《2006 年 IPCC 国家温室气体清单指南 2019 修订版》取 0.5。

$$E_{CH_4,\text{septic tank}} = \%Urb \times Pop \times TOW \times EF_{CH_4,\text{septic tank}}$$

$$EF_{CH_4,\text{septic tank}} = B_0 \times MCF_{\text{septic tank}}$$

$$(7\text{-}7)$$

式中,$EF_{CH_4,\text{septic tank}}$ 为化粪池内有机物的甲烷排放因子;$MCF_{\text{septic tank}}$ 为化粪池的甲烷修正因子。

排水管网的甲烷排放量核算以城市管网空间布局和管网内水力条件为基础,结合管道甲烷机理模型进行估算(Guisasola et al.,

2009）。该模型是一个基于生物化学机理的简化模型，可用于估计无淤积情况下管壁生物膜内的产甲烷速率。应用该模型前，首先以城市边界范围、高程、道路布局和人口密度等地理信息为基础，模拟各城市内管网的空间布局，并参照《室外排水设计标准》（GB 50014—2021）得到各段管道的管径、坡度等水力参数。最后利用上述产甲烷速率估算模型，得到甲烷排放量，计算方法如式（7-8）所示。

$$E_{CH_4,\text{sewer system}} = 6 \times 10^{-5} \times 1.05^{(T-20)} \times \left(\frac{A}{V} \times \text{HRT}\right) + 0.0015$$

$$(7\text{-}8)$$

污水处理厂甲烷排放核算方法参考《2006 年 IPCC 国家温室气体清单指南 2019 修订版》中提供的基本框架，估算方法如式（7-9）所示。由于中国还没有大规模回收甲烷，因此假设甲烷（CH_4）回收量为零。式中，污水处理厂处理水量、COD 浓度和污泥质量的数据来源为《中国城市建设统计年鉴》。BOD/COD 和污泥中有机物占比来源于污水处理厂实地调研数据（宋丽丽，2011）。计算污水处理厂内有机物的甲烷排放因子时，最大甲烷产生潜力采用 2010 年国家发展改革委的推荐值 0.6kgCH$_4$/kgBOD，MCF$_{\text{WWTP}}$ 采用全国均值 0.165。

$$E_{CH_4,\text{WWTP}} = \sum_{i=1}^{n}\left[(\text{TOW}_i - S_i \times a) \times \text{EF}_{CH_4,\text{WWTP}} - R_i\right]$$

$$\text{TOW}_i = V_i \times c_i(\text{COD}) \times \frac{\text{BOD}}{\text{COD}}$$

$$\text{EF}_{CH_4,\text{WWTP}} = B_0 \times \text{MCF}_{\text{WWTP}}$$

$$(7\text{-}9)$$

式中，TOW_i 为污水处理厂处理污水中有机物量；S_i 为污泥质量；a 为污泥中有机物比例；$\text{EF}_{CH_4,\text{WWTP}}$ 为污水处理厂内有机物的甲烷排放因子；R_i 为甲烷回收量；V_i 为污水处理厂年处理水量；c_i(COD) 为污水中以 COD 计的有机物量；BOD/COD 为污水中 BOD 与 COD 换算关系；MCF_{WWTP} 为污水处理厂的甲烷修正因子。

7.2.3　城市污水系统甲烷排放现状

基于 7.2.2 节中城市污水系统甲烷排放的估算方法，分别计算我国 2010—2020 年城市污水系统甲烷排放情况如表 7-1 所示。

表 7-1　2010—2020 年我国城市污水系统甲烷排放量

年份	化粪池/万 t	污水处理厂/t	管网/t	年份	化粪池/万 t	污水处理厂/t	管网/t
2010	201	11221	61631	2016	246	21269	113115
2011	210	13444	75693	2017	253	22998	123123
2012	217	15025	84540	2018	259	25514	138532
2013	224	16234	92010	2019	265	26772	146816
2014	230	18433	100457	2020	271	28030	176293
2015	238	20093	107337				

城市污水系统甲烷排放主要来源于化粪池与污水管网，污水处理厂产甲烷量相对较少。以 2020 年为例，如图 7-4 所示，我国城市污水系统甲烷排放量约为 291.1 万 t，其中，化粪池甲烷排放量最高，约为 270.7 万 t，占污水系统产甲烷量的 93%，管网约产生 17.6 万 t 甲烷，占比约 6%，其余为污水处理厂产生的甲烷，占比约 1%。

随着总人口增加、城镇化率提升以及污水系统规模的不断扩大，在 2010—2020 年的 10 年间，我国城市污水系统的甲烷排放量呈现逐年上升的趋势。其中，化粪池甲烷排放量显著增加，约有 69.7 万 t，相比于 2010 年的排放量增长了 35%。管网与污水处理

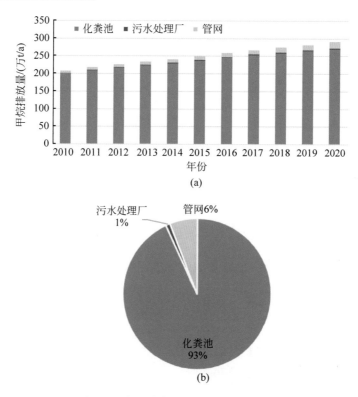

图 7-4 中国城市污水系统甲烷排放情况

(a) 2010—2020 年中国城市污水系统甲烷排放情况；(b) 2020 年中国城市污水系统甲烷排放情况

厂的甲烷排放量涨幅较大，分别增长了 186％与 150％（图 7-5～图 7-7）。

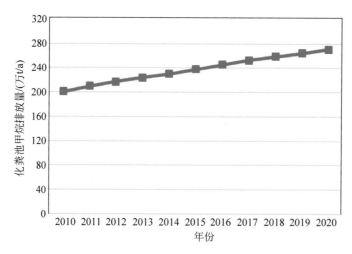

图 7-5 我国城市化粪池甲烷排放情况

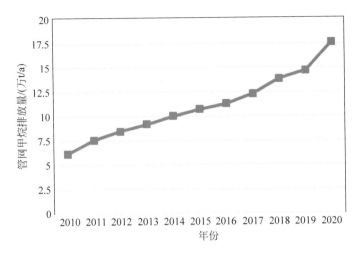

图 7-6 我国城市污水管网甲烷排放情况

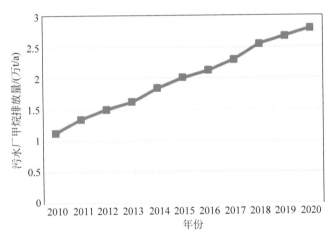

图 7-7 我国城市污水处理厂甲烷排放情况

同时,城市污水系统的甲烷排放强度在我国各地空间分布不均。以单位进水量的甲烷排放衡量,化粪池排放强度呈现由西北向东南递减的趋势,在华东、华南地区最低,化粪池每立方米污水排放甲烷不超过 5g,这与该地区人均用水量大、污水中有机物浓度低有关;以单位长度污水管网的甲烷排放衡量,管网排放强度呈"东南高、西北低"的分布,与化粪池的趋势相反;华东、华南地区污水管网的排放强度最高,一半以上的城市管网排放强度在每公里每年 0.3t 甲烷以上；以单位污水处理量的甲烷排放衡量，我国北方城市污水处理厂的排放强度较大，内蒙古、新疆两区大部分城市的污水处理厂排放强度超过每立方米污水 4g 甲烷。

7.3 城市污水系统甲烷减排的技术路径和潜力分析

7.3.1 减排技术

城市污水系统的甲烷减排技术，从化粪池、管网、污水厂三个子系统分别入手，可行措施包括：①逐步取消化粪池；②降低管网外来水比例，改善流态；③向管网中投加药品，维持弱碱性环境，抑制产甲烷菌的生长；④推广污水处理厂能源回收技术。

7.3.2 减排情景

根据现有的政策以及未来可能的发展情况，将城市污水系统的甲烷减排技术路径分为低、中、高三个不同的情景，并设定 2025 年、2030 年和 2060 年这三个时间点进行分析。

如表 7-2 所示，低情景即仅考虑降低管网外来水比例这一措施，已知目前我国的外来水占流入污水处理厂污水的 60%，则根据现有技术条件，设定 2025 年外来水比例占 45%；2030 年基本达到部分发达国家的水平，即 30% 左右；2060 年外来水所占比例为 20%。中情景即将降低管网外来水比例和取消化粪池结合考虑，假设 2025 年和 2030 年我国污水仅 85% 和 70% 经过化粪池，而 2060 年则完全取消化粪池，即污水直接流入管网。高情景则考虑降低外来水、取消化粪池和推广污水厂能源回收技术综合减排,假设 2025 年在沿海省份地级市推广回收技术,2030 年在沿海省份所有城市推广,2060 年实现全国所有城市污水厂能源回收。

表 7-2 低、中、高减排情景设置

减排情景	年 份		
	2025	**2030**	**2060**
低情景	外来水占比为 45%	外来水占比为 30%	外来水占比为 20%
中情景	低情景＋进化粪池污水比例为 85%	低情景＋进化粪池污水比例为 70%	低情景＋进化粪池污水比例为 0
高情景	中情景＋污水厂能源回收:沿海省份地级市推广	中情景＋污水厂能源回收:沿海省份所有城市推广	中情景＋污水厂能源回收:全国所有城市推广

7.3.3 2025 年、2030 年、2060 年城市污水处理领域甲烷排放量预测

在城市污水处理领域,针对低、中、高减排情景,2025 年、2030 年、2060 年甲烷排放预测值如表 7-3 和图 7-8 所示。与 2020 年的估算值(约 291.1 万 t)相比,预期到 2025 年、2030 年、2060 年,低减排情景下,甲烷排放分别减少 1.1 万 t、2.2 万 t、3 万 t,中减排情景甲烷排放减少 41.7 万 t、83.4 万 t、273.6 万 t,高减排情景甲烷排放减少 42.8 万 t、84.9 万 t、276.5 万 t;在 2025 年低、中、高三种减排情景下,较 2020 年估算值,甲烷排放分别减少 0.4%、14.3%、14.7%,在 2030 年低、中、高三种减排情景,甲烷排放分别减少 0.8%、28.6%、29.2%,在 2060 年低、中、高三种减排情景,甲烷排放分别减少 10.3%、94.0%、95.0%。

表7-3 **2025年、2030年、2060年城市污水处理甲烷排放量及变化率预测**

年份	低减排情景		中减排情景		高减排情景	
	排放量/万t	变化率	排放量/万t	变化率	排放量/万t	变化率
2025	290	−0.4%	249.4	−14.3%	248.3	−14.7%
2030	288.9	−0.8%	207.7	−28.6%	206.2	−29.2%
2060	288.1	−10.3%	17.5	−94.0%	14.6	−95.0%

注：变化率指与2020年估算的城市污水处理甲烷排放量相比的变化率。

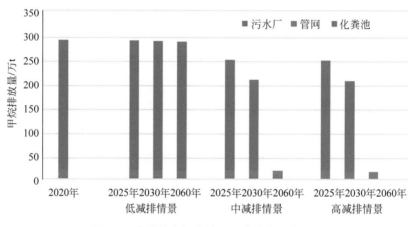

图7-8 我国城市污水处理系统甲烷排放预测

7.3.4 沼气工程助力城市污水处理领域甲烷减排分析

低减排情景下，随着外来水占比的下降，2025年、2030年、2060年管网甲烷产量可分别降为16万t、15万t、14万t左右；若同时考虑在管网中投加弱碱性药物，则管网甲烷产量可进一步降低为原来的一半。在仅考虑减少外来水排入的低情景假设下，2060年我国城市污水系统的甲烷排放量较当前水平仅下降了1%左右，而考虑投加药品的情况则可达到3.5%。

中减排情景下,逐步减少化粪池处理比例,预计 2025 年和 2030 年化粪池甲烷产量可分别降为 230 万 t 和 189 万 t。考虑到 2060 年城市的发展变化,认为此时化粪池已被全部取消,则不存在化粪池甲烷排放。联合降低外来水占比的策略,即在中情景减排下,2025 年、2030 年和 2060 年我国城市污水系统的甲烷排放量较 2020 年将分别下降 14%、28% 和 94%。因为城市污水系统中甲烷主要来自于化粪池产生,若完全取消化粪池,将极大地减少甲烷排放。

高减排情景下,还考虑了污水厂的能源回收技术的推广,预计 2025 年和 2030 年污水厂的甲烷排放将降低为 17488t 和 13242t,2060 年污水厂则不排放甲烷。由于目前污水厂甲烷的产生量占城市污水系统总量的比例不超过 1%,所以污水厂能源回收技术推广对甲烷排放总量的影响很小。

沼气能源回收贡献相关的高、中减排情景相比,2025 年、2030 年和 2060 年可分别实现甲烷减排 1.1 万 t、1.5 万 t 和 2.9 万 t,减排量分别约占当年低减排情景排放量的 0.4%、0.5% 和 1.0%。

图 7-9 展示了我国首座城市污水资源概念厂全产业链运营减排案例——宜兴污水处理概念厂项目。

图 7-9 宜兴污水处理概念厂

整个概念厂分为水质净化中心(处理量 20000t/d)、有机质协同处理中心(处理量 100t/d)、生产型研发中心(5234m^2)三部分。据初步估算,概念厂每天可生产 2 万 t 高品质再生水、8000t 提纯沼气、23t 有机肥、18000kW·h 电。污水处理概念厂意味着能够对能源进行全回收,所以这个过程中不会有甲烷排放。

关于不统计工业废水甲烷减排的说明

　　根据我国《省级温室气体清单编制指南(试行)》提供的算法,工业废水中的甲烷排放量,与各行业工业废水中的有机物去除量、甲烷排放因子以及甲烷回收量相关。我国工业废水来源涉及行业较多,各行业工业产品总量的完整数据统计比较困难,因此无法准确地计算各行业工业废水中的有机物去除量。同时,不同类型工业废水的甲烷排放潜势差异很大。工业废水包括厌氧处理、管理完善的好氧处理和管理不完善的好氧处理三种处理方式,不同处理方式对应不同的甲烷修正因子,各行业工业废水的甲烷排放因子与废水的最大甲烷产生能力和不同处理途径下的甲烷修正因子密切相关。现阶段,我国不同工业部门各种废水处理方式所占的份额难以获取,工业废水的实际甲烷修正因子不明导致工业废水的甲烷排放因子无法准确估算。因此在本书中工业废水甲烷减排的统计暂不予以考虑。

第8章 沼气工程温室气体减排

8.1 基于项目的沼气工程温室气体减排

有机废弃物厌氧消化，既处理了有机废弃物，消除了水土和大气环境污染以及相应的温室气体排放，还生产了清洁的沼气能源；沼液沼渣还田还将替代一半左右的化肥并增加土壤碳汇，面对不同有机废弃物处理情景，厌氧消化处理会产生不同的减排。

沼气工程温室气体减排应该综合考虑处理过程的化石能源和电力消费排放、甲烷排放、氧化亚氮排放以及沼气回收能源替代减排和沼液沼渣化肥替代减排。

附录 E 提供了基于项目的沼气工程畜禽养殖粪污处理利用过程温室气体减排量核算方法，并列出了含固率 10% 的 100t 猪粪在 14 种处理情景下的排放情况，以及沼气工程处理情景下针对其他不同处理情景的减排量。以畜禽养殖粪污处理为例，提高沼气工程工艺技术水平，降低沼气工程甲烷转化因子（MCF）至 1%，与其他粪便管理利用方式相比，最高可实现温室气体减排 85%～98%。

8.2 沼气工程助力城乡废弃物处理甲烷减排

本书预测和分析了不同减排情景下（表 8-1）城乡废弃物处理领域甲烷排放总量以及沼气助力城乡废弃物处理甲烷减排的贡献（图 8-1 和表 8-2）。通过比较各领域各年度不同减排情景下的甲烷排放量及沼气工程使用情况，可以得到高减排情景下，2030 年和 2060 年甲烷排放总量分别为 1403.4 万 t 和 909.3 万 t，与 2020 年估测值（2113.7 万 t）相比，总排放量分别下降 33.6％和 57.0％；沼气工程厌氧技术助力甲烷减排潜力在 2030 年和 2060 年分别达到 354.3 万 t 和 545.2 万 t。

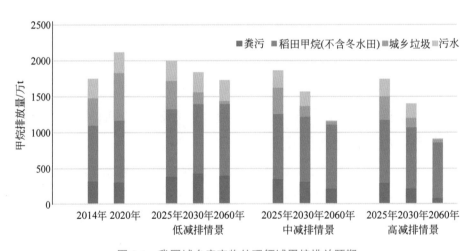

图 8-1 我国城乡废弃物处理领域甲烷排放预期

表8-1　我国各领域甲烷减排情景设定

板块	低减排情景			中减排情景			高减排情景		
	2025年	2030年	2060年	2025年	2030年	2060年	2025年	2030年	2060年
粪污	养殖规模与2020年相比扩大10%；延续当前的粪污管理方式(厌氧消化/厌氧储存5%~10%)，规模化养殖率70%	养殖规模与2020年相比扩大20%；延续当前的粪污管理方式(厌氧消化/厌氧储存10%~15%)，规模化养殖率75%	规模化养殖率85%	低情景养殖规模基础上，粪污综合利用率>80%(15%~20%厌氧消化/厌氧储存)；甲烷转化因子MCF约8%	低情景养殖规模基础上，粪污综合利用率>85%(25%~30%厌氧消化/厌氧储存)；甲烷转化因子MCF约5%	低情景养殖规模基础上，粪污综合利用率达95%以上(80%~85%厌氧消化/厌氧储存)；甲烷转化因子MCF约3%	低情景养殖规模基础上，粪污综合利用率>80%(20%~25%厌氧消化/厌氧储存)；甲烷转化因子MCF约5%	低情景养殖规模基础上，粪污综合利用率>85%(35%~40%厌氧消化/厌氧储存)；甲烷转化因子MCF约2%	低情景养殖规模基础上，粪污综合利用率达95%以上(85%~90%厌氧消化/厌氧储存)；甲烷转化因子MCF约1%

续表

板块	低减排情景			中减排情景			高减排情景		
	2025年	2030年	2060年	2025年	2030年	2060年	2025年	2030年	2060年
秸秆利用	秸秆肥料化利用率变为65%；不改变秸秆还田方式	秸秆肥料化利用率变为70%；不改变秸秆还田方式	秸秆肥料化利用率变为75%；不改变秸秆还田方式	低减排情景秸秆还田率基础上10%的秸秆实现离田后沼渣还田	低减排情景秸秆还田率基础上20%的秸秆实现的秸秆还田	低减排情景秸秆还田率基础上35%的秸秆离田后沼渣还田	低减排情景秸秆还田率基础上20%的秸秆离田后沼渣还田	低减排情景秸秆还田率基础上40%的秸秆离田后沼渣还田	低减排情景秸秆还田率基础上75%的秸秆离田后沼渣还田

续表

板块	低减排情景			中减排情景			高减排情景		
	2025年	2030年	2060年	2025年	2030年	2060年	2025年	2030年	2060年
垃圾	年生活垃圾清运量3.29亿t，填埋38.5%；焚烧60%；厌氧1.5%	年生活垃圾清运量3.70亿t，填埋22%；焚烧65%；厌氧13%	年生活垃圾清运量3.80亿t，填埋5.5%；焚烧70%；厌氧24.5%	年生活垃圾清运量3.29亿t，填埋35%；焚烧60%；厌氧5%	年生活垃圾清运量3.70亿t，填埋20%；焚烧65%；厌氧15%	年生活垃圾清运量3.80亿t，填埋5%；焚烧70%；厌氧25%	年生活垃圾清运量3.29亿t，填埋31.5%；焚烧60%；厌氧8.5%	年生活垃圾清运量3.70亿t，填埋18%；焚烧65%；厌氧17%	年生活垃圾清运量3.80亿t，填埋4.5%；焚烧70%；厌氧25.5%

续表

板块	低减排情景			中减排情景			高减排情景		
	2025年	2030年	2060年	2025年	2030年	2060年	2025年	2030年	2060年
城市污水	外来水占比45%	外来水占比30%	外来水占比20%	低减排情景基础上进化粪池污水比例为85%	低减排情景基础上进化粪池污水比例为70%	低减排情景基础上进化粪池污水比例为0	中减排情景基础上污水厂能源回收:沿海省份地级市推广	中减排情景基础上污水厂能源回收:沿海省份所有城市推广	中减排情景基础上污水厂能源回收:全国所有城市推广

表 8-2　未来我国城乡废弃物处理领域甲烷排放及减排预期

| 情景 | 年份 | 甲烷排放量预测/万 tCH₄ | | | | | 总量折合CO₂当量/亿 t CO₂当量 | 总量变化情况 | |
		粪污	稻田甲烷(不包括冬水田)	城乡垃圾	污水	合计		亿 t CO₂当量	%
	2014	315.5	777.1	384.2(固废)	272.1	1748.9	4.90	—	—
	2020	300.7	864.0	657.9	291.1	2113.7	5.92	—	—
低减排情景	2025	380.0	944.4	386.0	290.0	2000.4	5.60	-0.32	-5.4
	2030	423.7	971.3	155.0	288.9	1838.9	5.15	-0.77	-13.0
	2060	395.8	998.2	43.0	288.1	1725.1	4.83	-1.09	-18.4
中减排情景	2025	344.8	915.5	353.0	249.4	1862.7	5.22	-0.70	-11.9
	2030	305.6	913.6	143.0	207.7	1569.9	4.40	-1.52	-25.7
	2060	208.4	897.2	42.0	17.5	1165.1	3.26	-2.66	-44.9
高减排情景	2025	286.9	886.7	320.0	248.3	1741.9	4.88	-1.04	-17.6
	2030	210.3	855.9	131.0	206.2	1403.4	3.93	-1.99	-33.6
	2060	71.9	781.8	41.0	14.6	909.3	2.55	-3.37	-57.0

续表

情景	年份	甲烷排放量预测/万 tCH$_4$					总量折合CO$_2$当量 /亿 t CO$_2$ 当量	总量变化情况	
		粪污	稻田甲烷（不包括冬水田）	城乡垃圾	污水	合计		亿 t CO$_2$ 当量	%
沼气工程助力甲烷减排量	2025	93.1	57.7	66.0	1.1	217.9	0.61	—	—
	2030	213.4	115.4	24.0	1.5	354.3	0.99	—	—
	2060	323.9	216.4	2.0	2.9	545.2	1.53	—	—

注："总量变化情况"指当年排放总量与2020年估算的排放总量相比的变化率。

　　在畜禽粪便管理领域,只有力行"应气尽气",提高畜禽粪污沼气化处理比例到"高"的水平,才能保证今后甲烷排放逐步降低,可在 2025 年、2030 年、2060 年实现粪便管理甲烷排放量降低至 286.9 万 t、210.3 万 t 和 71.9 万 t,与 2014 年国家通报的排放量(315.5 万 t)相比,分别减排 9.1%、33.3% 和 77.2%;与 2020 年(300.7 万 t)相比分别减排 4.6%、30.1% 和 76.1%。高、低减排情景相比,2025 年、2030 年、2060 年厌氧技术贡献的最大甲烷减排量分别为 93.1 万 t、213.4 万 t 和 323.9 万 t,分别减排 24.5%、50.4% 和 81.8%。

　　在稻田管理领域,消除稻田中有机质的产甲烷潜力,"稻秸离田沼渣还田"是解决稻田甲烷排放的根本途径。高减排情景下,2025 年、2030 年、2060 年稻田甲烷(不含冬水田)排放量预计分别为 886.7 万 t、855.9 万 t、781.8 万 t,与 2014 年国家通报数据(777.1 万 t)相比,分别增加 14.1%、10.1% 和 0.6%;与 2020 年(864.0 万 t)相比分别增加 2.6%、降低 0.94% 和 9.5%。在同一年中,高、低减排情景相比,2025 年、2030 年、2060 年沼气工程贡献的最大甲烷减排量可分别达到 57.7 万 t、115.4 万 t 和 216.4 万 t,分别减排 6.1%、11.9% 和 21.7%。稻田甲烷 2025 年的排放仍然高于 2020 年的原因在于提高了稻秸还田率,总体上增加了稻田的甲烷排放。事实上 2060 年高减排情景下,如果实现 100% 还田稻秸的沼气化,相对于低减排情景,2060 年可实现甲烷减排 30% 以上。

　　在城乡垃圾处理领域,"垃圾焚烧"是甲烷减排的关键,高减排情景下,2025 年(320.0 万 t)、2030 年(131.0 万 t)、2060 年(41.0 万 t)比 2020 年(657.9 万 t)排放降低 51.4%、80.1% 和 93.8%。由于城乡生活垃圾中的生物废弃物不易分拣且难以作为还田肥料,直接焚烧以消除甲烷排放并能够获得能量,得到业界的认可。高、低减排情景相比,2025 年、2030 年、2060 年沼气工程贡献的最大甲烷减排量分别达到 66.0 万 t、24.0 万 t 和 2.0 万 t,约占当年低减排情景排放量的 17.1%、15.5% 和 4.7%。

在城乡污水处理领域,"取消化粪池"是甲烷减排的关键,通过减少外来水比例、取消化粪池、沼气能源回收利用等途径,在高减排情景下,2025 年(248.3 万 t)、2030 年(206.2 万 t)、2060 年(14.6 万 t)比 2020 年(约 291.1 万 t)甲烷排放降低 14.7%、29.2% 和 95.0%。沼气能源回收贡献相关的高、中减排情景相比,2025 年、2030 年、2060 年可分别实现甲烷减排 1.1 万 t、1.5 万 t 和 2.9 万 t,沼气工程贡献的减排量分别约为 0.4%、0.5% 和 1.0%。

沼气工程助力我国城乡废弃物处理甲烷减排的贡献主要来自沼气工程粪便管理和稻秸离田后沼渣还田利用;城乡垃圾和污水处理领域未来甲烷减排主要来自取消垃圾填埋处理和取消化粪池处理方式。比较各领域各年度不同减排情景下的甲烷排放量及沼气工程使用情况,高减排情景下 2025 年、2030 年和 2060 年甲烷排放总量分别为 1741.9 万 t、1403.4 万 t 和 909.3 万 t,与 2020 年估测值(2113.7 万 t)相比,总排放量分别下降 17.6%、33.6% 和 57.0%。2030 年开始,沼气工程甲烷减排的贡献主要来自粪便管理和稻秸离田沼渣还田利用。

8.3 沼气回收利用能源替代减排分析及预测

由于沼气工程的减排量取决于沼气工程的排放量和不同处理情景的排放量,对全国进行评估尚需更为复杂的模型。但是所有处置情景下,只有沼气工程能够产生清洁的沼气能源。根据我国农业农村、城市、工业三个领域的生物废弃物在不同年份厌氧消化的比例,预测了不同年份的沼气生产潜力和能源替代标煤所对应的温室气体减排潜力(图 8-2～图 8-4)。

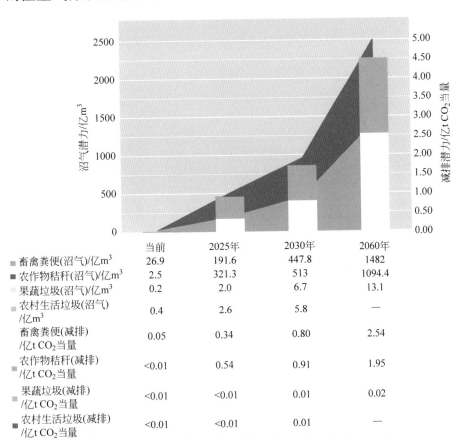

	当前	2025年	2030年	2060年
■ 畜禽粪便(沼气)/亿 m³	26.9	191.6	447.8	1482
■ 农作物秸秆(沼气)/亿 m³	2.5	321.3	513	1094.4
果蔬垃圾(沼气)/亿 m³	0.2	2.0	6.7	13.1
农村生活垃圾(沼气)/亿 m³	0.4	2.6	5.8	—
畜禽粪便(减排)/亿 t CO₂当量	0.05	0.34	0.80	2.54
农作物秸秆(减排)/亿 t CO₂当量	<0.01	0.54	0.91	1.95
果蔬垃圾(减排)/亿 t CO₂当量	<0.01	<0.01	0.01	0.02
农村生活垃圾(减排)/亿 t CO₂当量	<0.01	<0.01	0.01	—

图 8-2 农业农村有机废弃物可获得沼气生产潜力、温室气体减排潜力预测

当前我国农业农村有机废弃物、城市有机废弃物、工业有机水资源量每年约为 42.7 亿 t、3.5 亿 t、65.4 亿 t。如果将上述资源全部用于沼气高效生产,可产生沼气的最大潜力为 5400 亿 m^3,可实现温室减排潜力 9.6 亿 t CO_2 当量,减排潜力巨大。

当前农业农村有机废弃物用于厌氧消化产生的沼气产量每年约为 30 亿 m^3,城市有机固体废弃物用于厌氧消化和填埋产生的沼气产量约为 189.4 亿 m^3,工业有机废水厌氧消化产生的沼气产量约为 80.3 亿 m^3,三个领域有机废弃物的沼气产量不足 300 亿 m^3,温室气体减排潜力约为 0.53 亿 t CO_2 当量。

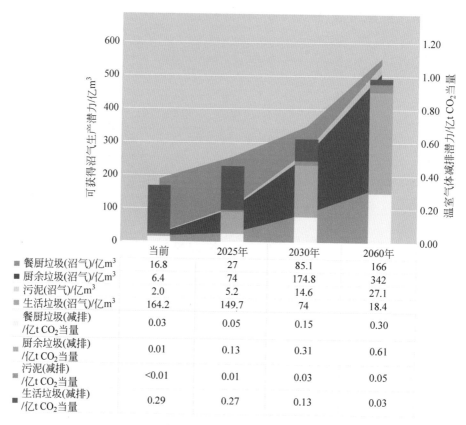

	当前	2025年	2030年	2060年
餐厨垃圾(沼气)/亿m³	16.8	27	85.1	166
厨余垃圾(沼气)/亿m³	6.4	74	174.8	342
污泥(沼气)/亿m³	2.0	5.2	14.6	27.1
生活垃圾(沼气)/亿m³	164.2	149.7	74	18.4
餐厨垃圾(减排)/亿t CO₂当量	0.03	0.05	0.15	0.30
厨余垃圾(减排)/亿t CO₂当量	0.01	0.13	0.31	0.61
污泥(减排)/亿t CO₂当量	<0.01	0.01	0.03	0.05
生活垃圾(减排)/亿t CO₂当量	0.29	0.27	0.13	0.03

图 8-3　城市有机废弃物可获得沼气生产潜力、温室气体减排潜力预测

　　根据专家预测,今后数十年间各类有机废弃物的产生量或变化不大(农业),或虽然变化量大但绝对数量或干物质含量不高(城市有机废弃物和工业废水)。沼气工程生产的沼气对产生的能源减排贡献由当前每年的 0.53 亿 t CO_2 当量提高到 2025 年、2030 年、2060 年的 1.69 亿 t CO_2 当量、2.91 亿 t CO_2 当量、6.57 亿 t CO_2 当量(图 8-5),其主要原因是提高了有机废弃物厌氧消化产沼气的比例。按照自愿减排权交易每吨二氧化碳 80～200 元估算,沼气能源减排将在 2060 年带来 525.6 亿～1314 亿元的额外收益,相当于每立方米沼气获得 0.14～0.36 元的碳减排交易政策补贴。如果考虑沼气工程对甲烷减排的贡献以及对水土环境的保护,并因

此获得政府在环境保护方面的财政回报，沼气工程将成为"十四五"乃至 2035 年远景发展中向农业农村延伸的减污降碳、控制甲烷排放的主力军。

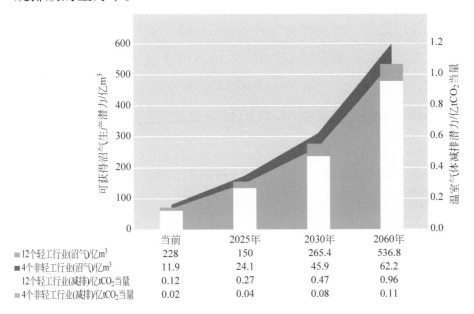

	当前	2025年	2030年	2060年
12个轻工行业(沼气)/亿m³	228	150	265.4	536.8
4个非轻工行业(沼气)/亿m³	11.9	24.1	45.9	62.2
12个轻工行业(减排)/亿tCO₂当量	0.12	0.27	0.47	0.96
4个非轻工行业(减排)/亿tCO₂当量	0.02	0.04	0.08	0.11

图 8-4　工业废水可获得沼气生产潜力、温室气体减排潜力预测

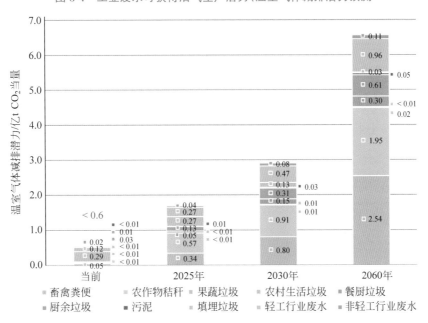

图 8-5　2025—2060 年我国沼气工程可实现温室气体减排潜力预测

8.4　沼液沼渣还田化肥替代减排分析及预测

利用沼气工程技术处理废弃物时,除了沼气回收利用可以实现化石能源替代减排温室气体外,沼液沼渣还田还可以实现化肥替代,沼肥中的 N、P、K 养分替代同等养分含量的化肥(N、P_2O_5、K_2O)可以减少化肥施用,进而减少化肥生产过程的温室气体排放。

本书按照以下情景预测我国沼液沼渣还田化肥替代减排潜力:

(1) 废弃物处理量:农业源废弃物资源量、收集系数、沼气资源利用率等指标设置与前文能源替代潜力估算时一致(表 8-3)。

(2) 养分损失:《2006 年 IPCC 国家温室气体清单指南 2019 修订版》提出,不同工程技术水平和沼液沼渣储存方式下,沼气工程粪污处理的氮损失率为 5.06%～50.06%,考虑到我国沼气工程工艺技术水平及未来技术更新情况,本书按照 2020 年、2025 年、2030 年、2060 年我国沼气工程的平均氮损失率分别为 30%、15%、15%、5%预测氮肥替代潜力,忽略沼气工程废弃物处理过程中的磷、钾养分损失,认为原料中的磷、钾养分全部随着沼肥施用进入农田。

(3) 化肥生产排放因子:参考相关文献,N、P_2O_5、K_2O 生产排放因子分别取值为:8.21t CO_2 当量/t_N、0.64t CO_2 当量/$t_{P_2O_5}$、0.18t CO_2 当量/t_{K_2O}(张丹,2017)。

按照上述情景,仅考虑农业源有机废弃物沼气化处理后沼渣还田,在 2020 年、2025 年、2030 年和 2060 年化肥替代可以实现的温室气体减排潜力将分别为 0.02 亿 t CO_2 当量、0.21 亿 t CO_2 当量、0.39 亿 t CO_2 当量和 0.82 亿 t CO_2 当量(表 8-4)。

表 8-3　我国农业源废弃物沼气资源利用情景设置

年份	指　　标	农作物秸秆	畜禽粪污	果蔬废弃物	农村生活垃圾
2020	资源量/亿 t	8.6	30	2.5	1.63
	收集系数/%	83	56	40	85
	沼气资源利用率/%	0.13	8	0.9	0.9
	沼气工程氮损失率/%	30			
2025	资源量/亿 t	9	36.5	2.6	1.57
	收集系数/%	85	70	60	90
	沼气资源利用率/%	15	30	5	5
	沼气工程氮损失率/%	15			
2030	资源量/亿 t	9.5	39.8	2.8	1.38
	收集系数/%	90	75	80	95
	沼气资源利用率/%	20	50	10	10
	沼气工程氮损失率/%	15			
2060	资源量/亿 t	9	35.7	2.5	0.82
	收集系数/%	95	100	100	100
	沼气资源利用率/%	40	80	15	——
	沼气工程氮损失率/%	5			

表 8-4　沼液沼渣还田化肥替代减排潜力预测

年　份	化肥替代量/万 t			化肥替代减排潜力/亿 t CO_2 当量
	N	P_2O_5	K_2O	
2020	24.20	35.50	18.01	0.02
2025	235.88	228.02	253.34	0.21
2030	428.51	432.55	422.51	0.39
2060	918.53	824.17	816.81	0.82

8.5　沼气工程助力温室气体减排

本书结合国家实现"碳达峰、碳中和"的决心和相关政策要求，综合考虑未来经济社会发展、人民生活质量提升及人口变化规律，预计到 2030 年和 2060 年，通过采用沼气技术进行城乡废弃物处理，甲烷减排潜力分别为 0.99 亿 t CO_2 当量和 1.53 亿 t CO_2 当量；预计到 2030 年和 2060 年通过沼气回收利用分别可实现能源替代温室气体减排 2.91 亿 t CO_2 当量和 6.57 亿 t CO_2 当量；预计到 2030 年和 2060 年通过沼肥还田化肥替代分别可实现温室气体减排 0.39 亿 t CO_2 当量和 0.82 亿 t CO_2 当量。预计沼气行业总体可以分别为国家贡献 4.29 亿 t CO_2 当量和 8.92 亿 t CO_2 当量的温室气体减排量，相当于《中华人民共和国气候变化第二次两年更新报告》中 2014 年全国温室气体排放量（111.86 亿 t）的 3.7%（或农业活动温室气体排放量（8.3 亿 t）的 49.4%）和 8.0%（或农业活动温室气体排放量的 107.5%）。由此可见，沼气行业对于国家温室气体减排具有举足轻重的地位，并且预计以沼气利用为主的甲烷管理与减排将是温室气体减排的主战场之一，沼气行业也将成为中国实现"双碳"目标的主力军。

结论与展望

第9章 沼气行业发展机遇

"十三五"以来，国务院办公厅以及农业农村部、国家发展改革委、生态环境部和国家能源局等部委相继发布了多个政策，支持沼气和生物天然气发展。"十四五"时期既是"双碳"目标的关键期，也是中央提出全面乡村振兴战略以来的第一个规划期，这将是沼气行业发展中至关重要的时期。

在全面推进"高质量发展"要求、"乡村振兴"战略和实现"双碳"目标的背景下，包括沼气在内的生物质能行业将会发挥不可替代的作用。能源革命与高质量发展、绿色低碳清洁能源体系构建、农村生态环境保护与绿色宜居村镇建设将成为"双碳"和乡村振兴战略的重要着力点。与此同时，由于产业政策不完善、标准体系不健全、行业发展不均衡、现有政策补贴机制待完善、市场化动力不足等因素，沼气行业发展也面临着巨大挑战。

1. "碳达峰碳中和"为沼气行业发展搭建了新平台

自 2020 年 9 月在第 75 届联合国大会一般性辩论后，习近平总书记就"碳达峰碳中和"发表了一系列重要讲话。2020 年 12 月中央经济工作会议上，明确了做好"双碳"工作是 2021 年乃至今后一段时期全党和全国都要抓好的八项重点任务之一。在"双碳"的大背景下，沼气行业将迎来新的历史机遇。随着我国国内碳市场的启动和碳减排交易体系的建立与完善，低碳产业布局更加重要，沼气行业固碳减排的作用、地位和效益亦将越发突出,国家的低碳减排需求也将进一步推动沼气行业产业化的发展。

目前,农业农村部已经明确将沼气作为以农业农村生物质能为基础的可再生能源替代的重要组成部分,协同推进包括农业农村生产和生活各领域的节能减排固碳工作,并组织有关机构正在研究制定农业农村部门"双碳"工作路线图、时间表以及建立各种检测、核查、交易等方面的标准与机制等。通过本报告的研究发现,沼气行业将会在农业农村领域的"双碳"工作中,以及实现国家的"双碳"目标中发挥不可估量的重要作用。

2. "乡村振兴"战略对沼气行业发展提出新要求

2021年,中央一号文件《中共中央 国务院关于全面推进乡村振兴加快农业农村现代化的意见》中提出,发展农村生物质能源,实施乡村清洁能源建设工程,加大农村电网建设力度,全面巩固提升农村电力保障水平。这是乡村清洁能源工程第一次被写入中央一号文件,包括沼气在内的生物质能的重要性得到国家认可。在全面推进乡村振兴的大背景下,也赋予了沼气行业发展的新要求与新任务。

"十三五"以来,国家有关部委相继发布了80多项与沼气行业相关的政策,对畜禽粪污处理、秸秆综合利用、清洁供暖等美丽乡村建设和人居环境改善等提出了更高要求,使沼气行业引起了全社会的重视与关注。在这个时期,我国沼气行业也初步实现了转型升级,从传统的农业农村沼气为主变身为大型生物天然气工程为主,厌氧消化在城市垃圾分类和工业领域也得到长足的发展,取得了积极的成效,为成功替代天然气等化石能源奠定了基础。

2016年12月,国家发展改革委、国家能源局关于印发《能源生产和消费革命战略(2016—2030)》(发改基础〔2016〕2795号)的通知中,提出就近利用农作物秸秆、畜禽粪便、林业剩余物等生物质资源,开展农村生物天然气和沼气等燃料清洁化工程。到 2030 年,农村地区实现商品化能源服务体系。2019 年 12 月,国家发展改革委等 10 部委《关于促进生物天然气产业化发展的指导意见》(发改能源规〔2019〕1895 号)的文件中,提出了生物天然气发展的方向、目标、任务和政策框架,到 2030 年,生物天然气实现稳步发展。规模位居世界前列,生物天然气年产量超过 200 亿 m^3,占国内天然气产量一定比重。同时,明确了沼液沼渣是良好的有机肥料,需要将沼肥用于当地优势特色产业发展,大力推动以沼气为纽带的生态循环农业,提高农产品品质,打造一批赋能产业。

上述政策文件的一个突出重点就是,要通过沼气行业的发展,实现工业行业减污降碳发挥协同效应;为城市垃圾分类收集、无废城市的建立、城市循环经济的推动打下基础;为乡村振兴提供清洁、绿色、高效的能源物质基础,实现产业兴旺、生态宜居,有效促进农业增效、农民增收,人们安居乐业,能起到环境保护、循环利用和能源替代的"三重功能"协调作用。

3. "高质量发展"为沼气行业发展创造新空间

2021 年,恰逢"两个一百年"奋斗目标历史交汇之时,习近平总书记在主持中共中央政治局学习和中央深改委会议时接连强调"高质量发展"的意义重大。当年两会,李克强总理作政府工作报告时表示,考虑了经济运行恢复情况,有利于引导各方面集中精力推进改革创新、推动高质量发展,2021 年预期目标设定为 6% 以上。与此同时,国务院和有关部门相继印发了一系列推动高质量发展的指导意见、"十四五"高质量发展实施方案等政策文件,也都为沼气行业未来的发展指明方向。

推动沼气行业的高质量发展,需要找准切入点,打通市场渠道,提高沼气产品经济性,增强沼气工程盈利能力,盘活现有沼气工程设施,有效发挥沼气工程效益。在城镇化发展较快、用气需求较为迫切的地区,可以新建一批配套的沼气或生物天然气工程,开展沼气集中供气供暖。在种植业集中连片和养殖业集约化较好的地区,应引导扶持社会资本建设以农业有机废弃物为主要原料的规模化沼气工程和生物天然气试点工程,形成区域有机废弃物处理中心,培育专业化运营主题,提升管护智能化、运行市场化水平,推动沼肥就地就近合理利用,实现区域内燃气自给自足。在城市或工业领域,配合《固体废物污染环境防治法》实施和城市垃圾分类处理要求,扩大沼气行业的应用领域和发展空间。

第 10 章 沼气行业发展挑战

1. 充分重视沼气在社会发展中综合性、多重性的功能属性

当前,我国社会经济已经进入新时代,但是部分部门、部分地区、部分人员还用传统的眼光来看待沼气工程的社会功能,认为它只具有污染物削减(工农业)和能源属性的功能,缺乏对于沼气工程系统性全局观念。这造成在沼气的发展过程中,行业发展目标不明确、政策支持不连续、技术路径不清晰,使得整个产业难以稳定持续发展。

> 建议明确强调沼气及生物天然气的环境保护、循环利用和能源替代的"三重功能"定位,和与环境综合整治、有机废弃物资源化利用和固碳减排的"三个结合",明确牵头组织,并协调发展改革、农业农村、生态环境、能源等有关部门,共同做好顶层设计和中长期规划,明确发展思路和目标,逐步整体推进。

2. 全面贯彻落实现有政策并创设有利于行业发展的新政策

近年来,国家为了支持包括沼气在内的可再生能源发展出台了不少的政策,但是沼气行业在部分管理部门和地区的执行和实施过程中,受到被"歧视"的不公平态度。沼气发电难以上网和生物天然气被城镇燃气管网拒收,或者难以得到国家有关农林废弃

物发电上网电价补贴和天然气入网合理价格；在实施畜禽粪污资源化利用和有机肥替代化肥整县推进项目中，沼气或生物天然气工程可享受中央投资支持的比例远小于通过肥料化设施的建设比例，部分地区以强调商品有机肥的推广，而对沼肥"拒之门外"；国务院和有关部门在相关文件中提出，对沼气和生物天然气行业在土地使用及生产用电方面给予的优惠支持，时至今日始终难以落实。

> 建议对电网企业和燃气管网企业提出明确的绿色电力、绿色燃气配额指标，强调在沼气发电上网和生物天然气入网时享受全额保障性收购政策。在畜禽粪污资源化利用和有机肥替代化肥整县推进项目中实现同等待遇。在国家碳交易体系中，尽快将沼气和生物天然气纳入其中。对于沼气和生物天然气生产企业，落实在用地和用电方面享受农业设施用地和农业生产用电优惠政策。明确所有出台的政策，有效实施时间至少保持 15 年，以确保沼气和生物天然气生产企业可稳定获得投资回报，形成健康持续发展能力。

3. 加强沼气行业安全生产管理

2021 年新修订的《中华人民共和国安全生产法》明确规定，安全生产工作实行管行业必须管安全、管业务必须管安全、管生产经营必须管安全，强化和落实生产经营单位主体责任与政府监管责任，建立生产经营单位负责、职工参与、政府监管、行业自律和社会监督的机制。但是沼气行业管理的各级农业农村部门的部分人员似乎还没有对此给予应有的重视，也未形成行业共识，部分行业管理人员还认为只有本部门投资的项目才是负责安全管理的对象，甚至认为应该是危化或城市燃气管理部门的事情而一推了之，使得沼气行业健康发展存在安全隐患。

建议加强沼气行业安全生产管理,形成相应的管理体制机制。要明确各级农业农村部门对沼气安全生产具有行业管理的责任,只要是在农村地区建设或者是使用农业有机废弃物建设的沼气及生物天然气工程,不管是谁投资、运行,农业农村部门都有不可推卸的责任。要对不同类型的沼气及生物天然气工程进行分类管理、分类处置,建立健全相应的标准体系和应急预案制度,确保沼气行业安全生产和健康发展。

4. 尽快提升沼气行业技术创新和产业化推广能力

长期以来,我国沼气生产大多沿用传统中常温湿式发酵工艺,常常因为沼液沼渣消纳问题,形成"二次污染",不利于沼气工程的盈利模式创建。同时,部分企业以"物美价廉"为借口,不愿意在关键技术研发、主要材料选择、重要设备配套上投资攻关。目前,沼气产业是一个上万亿的巨大产业,这样一个朝阳产业至今没有主管部门,导致在行业管理上"九龙治水",这种短视和无序的发展状况,无从谈到技术进步和满足产业时代发展需求。

建议鼓励有关科研单位重点突破厌氧高浓度、干发酵适用工艺和工程模式等关键性技术问题,提升监控系统传感器的稳定性和检测精度,深入研究"三沼"在制氢、固碳减排等多领域的应用技术等。有关部门明确行业牵头单位加大投入,形成技术与产业联动解决产业创新能力不足、上下游产业联动发展形成良性产业模式,产业与金融资本联动做大做实产业规模。

5. 探索沼气产业的市场商业获利模式

由于我国的沼气产业链条较长,从原料收储运、资源化处理,到产业的消纳和服务,所涉及的环节和市场主体较多,加之现阶段的政策不配套、机制不健全,导致整个产业链上任何一个环节出现问题，都会造成产业链断裂、企业难以盈利，也使得沼气行业的市场商业化发展普遍面临重重障碍。

> 建议加强行业的交流，积极落实现有的国家和地方政策，争取国家和社会资本合作模式（public-private-partnership，PPP）的投融资项目投入、北方地区清洁取暖燃气补贴、有机废弃物收储运及处理补贴资金支持，以及打通沼气发电、燃气入网、热力供应和沼肥综合利用渠道。同时，提高沼气及生物天然气工程智能化水平，提升工程运行效率和管理效能，逐步完善沼气行业自我运行机制和实现市场竞争能力，为国家社会经济的高质量绿色发展做出新贡献。

第11章 我国城乡废弃物甲烷减排挑战

1. 完善城乡废弃物甲烷排放核算体系

当前我国城乡废弃物甲烷排放核算体系存在尚不完全的问题：活动水平不清晰,部门常规统计指标不能满足甲烷排放量估算所需；排放因子时效性和准确性不足,当前报告普遍采用《中华人民共和国气候变化第二次两年更新报告》公布的排放数据为基础,导致无法准确评估我国当前城乡废弃物甲烷排放时空特征,并难以进行趋势预测。

> 建议加强城乡废弃物甲烷排放统计核算体系建设：①完善统计调查指标,面向我国大区域、大尺度、多生态的现实需求,在进行部门常规统计的同时,进行甲烷排放核算相关指标的统计,如畜禽养殖业粪便管理方式及比例；②加强监测体系建设,整合农学、气象学等多方面力量,加快研究适宜的监测评估方法,建立本地化高时效性和准确性的排放因子。

2. 推动城乡废弃物甲烷减排技术发展

过去的城乡废弃物处理利用领域,对甲烷排放问题的认知相对滞后,技术发展较少考虑对甲烷排放的影响,未形成系统的领域内各生产实践环节行之有效的甲烷减排技术体系。

建议加强城乡废弃物甲烷减排技术的科技攻关。聚集相关学科力量，加强学科融合攻关，突破创新技术的研发与应用，针对"源头减量—过程控制—末端利用"的全链条甲烷减排技术进行研发与应用，探索适于我国实际情景和发展水平的甲烷减排方案。

3. 健全城乡废弃物甲烷减排政策

在政策方面，城乡废弃物的甲烷减排政策不足，无法有效指导落实温室气体减排，同时存在政策不清晰、难以落地的问题，相关部门重视度不足，难以推进甲烷减排事业的发展。

建议从政府角度，以立法形式对重点行业的甲烷排放进行管理，加强成果转化推广及人才培训培养，依托国家、省、市、县、乡的农技推广体系和科研院校，积极探索新机制新模式，加强最新科技成果的专题培训和"双碳"实用人才培养，为我国碳达峰碳中和提供良好的人才支撑和智力保障。

参 考 文 献

白洁瑞,贺春强,王虎琴,等.2011.秸秆沼气集中供气工程温室气体减排效益分析[J].农业工程技术(新能源产业),(6)：21-22.

陈廷贵,赵梓程.2018.规模养猪场沼气工程清洁发展机制的温室气体减排效益[J].农业工程学报,34(10)：210-215.

陈婷婷,周伟国,阮应君.2007.大型养殖业粪污处理沼气工程导入CDM的可行性分析[J].中国沼气,(3)：7-9.

陈迎,巢清尘.2021.碳达峰、碳中和100问[M].北京：人民日报出版社.

翟俊,马宏璞,陈忠礼,等.2017.湿地甲烷厌氧氧化的重要性和机制综述[J].中国环境科学,37(9)：3506-3514.

第一次全国污染源普查资料编纂委员会.2011.污染源普查产排污系数手册[M].北京：中国环境科学出版社.

董欣,陈吉宁,曾思育,等.2011.基于物质流分析的城市污水系统比较[J].给水排水,47(1)：137-142.

董越勇,邹道安,刘银秀,等.2016.我国城市生活垃圾特点及其处理技术浅析——以杭州市为例[J].浙江农业学报,28(6)：1055-1060.

杜祥琬.2019.我国固体废物分类资源化利用战略研究[M].北京：科学出版社.

葛会敏,陈璐,于一帆,等.2015.稻田甲烷排放与减排的研究进展[J].中国农学通报,31(3)：160-166.

郭菲,马宗虎,孙亚男,等.2010.规模化肉牛场CDM项目碳减排及经济效益估算[J].可再生能源,8(2)：45-49.

国家发展和改革委员会应对气候变化司.2014.中国2008年温室气体清单研究[M].北京：中国计划出版社.

国家统计局.2020.第二次全国污染源普查公报[R].

国家应对气候变化战略研究和国际合作中心.2020.省级温室气体清单编制指南(试行)[R].

郝晓地,杨文宇,林甲.2017.不可小觑的化粪池甲烷碳排量[J].中国给水排水,33(10)：28-33.

黄剑冰.2016.铁肥和水稻品种对稻田甲烷排放的影响[D].海口：海南大学.

江瑜,管大海,张卫建.2018.水稻植株特性对稻田甲烷排放的影响及其机制的研究进展[J].中国生态农业学报,26(2)：175-181.

鞠鑫鑫,郭建斌,杨守军,等.2022.成年奶牛温室气体排放分析[J].中国沼气,40(3)：9-17.

孔涛,李勃,柯杨,等.2017.蔬菜废弃物堆肥对设施蔬菜产量和土壤生物特性的影响[J].中国土壤与肥料,(5)：157-160.

李丹,陈冠益,马文超,等.2018.中国村镇生活垃圾特性及处理现状 [J].中国环境科学, 38(11):4187-4197.

李少林,杨文彤.2022.碳达峰、碳中和理论研究新进展与推进路径探索[J].东北财经大 学学报,(2):17-28.

李玉娥,董红敏,万运帆,等.2009.规模化猪场沼气工程 CDM 项目的减排及经济效益分 析[J].农业环境科学学报,28(12):2580-2583.

刘春艳,詹海杰,闫益波.2019.蔬菜废弃物在畜牧业中的应用前景 [J].湖南饲料,172 (5):20-22.

欧阳志远,史作廷,石敏俊,等.2021."碳达峰碳中和":挑战与对策[J].河北经贸大学学 报,42(5):1-17.

宋丽丽.2011.源自生活污水的甲烷排放研究[D].南京:南京信息工程大学.

宿敏敏,况福虹,吕阳,等.2016.不同轮作体系不同施氮量甲烷排放比较研究[J].植物营 养与肥料学报,22(4):913-920.

童玉芬.2021.中国人口的最新动态与趋势——结合第七次全国人口普查数据的分析 [J].中国劳动关系学院学报,35(4):15-25.

王涵,李欢,殷铭,等.2020.深圳市生活垃圾源头排放规律与资源化路径分析[J].环境卫 生工程,28(3):21-27.

王磊,高春雨,毕于运,等.2017.大型秸秆沼气集中供气工程温室气体减排估算[J].农业 工程学报,33(14):223-228.

王维,熊锦.2020.我国农村生活垃圾治理研究综述及展望 [J].生态经济,36(11): 195-201.

魏珞宇,罗臣乾,张敏,等.2016.农村生活垃圾厌氧发酵产沼气性能研究 [J].中国沼气, 34(6):42-45.

颜晓元,蔡祖聪.1997.水稻土中 CH_4 氧化的研究[J].应用生态学报,(6):589-594.

晏珍梅,孙辉,郭建斌,等.2022.基于沼气工程的稻田甲烷排放减半策略[J].中国沼气, 40(3):3-8.

岳波,张志彬,孙英杰,等.2014.我国农村生活垃圾的产生特征研究[J].环境科学与技 术,37(6):129-134.

张丹.2017.中国粮食作物碳足迹及减排对策分析[D].北京:中国农业大学.

张广斌,马静,徐华,等.2011.稻田甲烷产生途径研究进展[J].土壤,43(1):6-11.

张继,武光朋,高义霞,等.2007.蔬菜废弃物固体发酵生产饲料蛋白 [J].西北师范大学学 报,(4):85-89.

张婷婷.2020.基于温室气体排放的城市生活垃圾处理策略优化研究[D].北京:北京化 工大学.

张晓艳,马静,李小平,等.2012.稻田甲烷传输的研究进展[J].土壤,44(2):181-187.

赵立祥,郭轶杰.2009.基于 CDM 的农村沼气工程效益评价[J].经济论坛,(21): 123-126.

曾秀莉,刘丹,韩智勇,等.2012.成都市典型地区农村生活垃圾调查及处理模式探讨 [J]. 广东农业科学,39(18):211-214.

中国气象局气候变化中心. 2021. 中国气候变化蓝皮书(2021)[M]. 北京：科学出版社.

中华人民共和国国家统计局. 2021. 2021 中国统计年鉴[M]. 北京：中国统计出版社.

中华人民共和国住房和城乡建设部. 2020. 中国城市建设统计年鉴[M]. 北京：中国计划出版社.

BARTRAM，et al. 2019. Chapter 6：wastewater treatment and discharge. 2019 refinement to the IPCC guidelines for national greenhouse gas inventories[M]. International Panel on Climate Change.

CALVO B E, TANABE K, KRANJC A, et al. 2019. 2019 Refinement to the 2006 IPCC guidelines for national greenhouse gas inventories[M]. Switzerland：IPCC.

CHAOSAKUL T, KOOTTATEP T, POLPRASERT C. 2014. A model for methane production in sewers[J]. Journal of Environmental Science and Health, Part A, 49(11)：1316-1321.

EGGLESTON H S, BUENDIA L, MIWA K, et al. 2006. 2006 IPCC guidelines for national greenhouse gas inventories[M]. Kanagawa：IGES.

GUISASOLA A, SHARMA K R, KELLER J, et al. 2009. Development of a model for assessing methane formation in rising main sewers[J]. Water Research, 43(11)：2874-2884.

HARYANTO A, CAHYANI D. 2019. Greenhouse gas emission of household plastic biogas digester using life cycle assessment approach[J]. IOP Conference Series：Earth and Environmental Science, 258(1).

HUANG Y. 2004. Modeling methane emission from rice paddies with various agricultural practices[J]. Journal of Geo-physical Research, 109(8).

INVENTORY of U. S. 2021. Greenhouse gas emissions and sinks 1990-2019[R]. United States Environmental Protection Agency.

JIANG Y, QIAN H, WANG L, et al. 2019. Limited potential of harvest index improvement to reduce methane emissions from rice paddies[J]. Global Change Biology, 25(2)：686-698.

LIU B, WU Q, WANG F, et al. 2019. Is straw return-to-field al-ways beneficial? evidence from an integrated cost-benefit analysis[J]. Energy, 171：393-402.

MASSON-DELMOTTE V, ZHAI P, PIRANI A, et al. 2021. IPCC, 2021：Summary for policymakers. in：climate change 2021：the physical science basis. contribution of working group I to the sixth assessment report of the intergovernmental panel on climate change[M]. Cambridge：Cambridge University Press.

PATHAK H, JAIN N, BHATIA A, et al. 2009. Global warming mitigation potential of biogas plants in India[J]. Environmental Monitoring and Assessment, 157(1-4).

PILZECKER A, FERNANDEZ R, NICOLE MANDL E R. 2021. Annual European union greenhouse gas inventory 1990 – 2019 and inventory report 2021[R].

WANG Z, ZHANG X, LIU L, et al. 2021. Estimates of methane emissions from Chinese rice fields using the DNDC model[J]. Agricultural and Forest Meteorology, 303.

WILLIS J, BROWER B, GRAF W, et al. 2018. New GHG methodology to estimate/quantify sewer methane[J]. Proc. Water Environ. Federation, (2): 562-569.

XUEMEI W, ZIFU L, SHIKUN C, et al. 2020. Multiple substrates anaerobic co-digestion: a farm-scale biogas project and the GHG emission reduction assessment[J]. Waste and Biomass Valorization, 12(4).

附录 A　温室气体减排潜力核算方法

1. 方法学介绍

碳排放的核算(碳核算)是实现碳达峰碳中和所有工作的基础。碳核算需要统一的碳排放数据标准、控制碳排放数据质量,在此基础上,全国碳交易市场方可顺利运行。此外,碳核算也可从源头对减排路径研究开发,对减排效果进行量化评估。

来自联合国政府间气候变化专门委员会(Intergovernmental Panel on Climate Change,IPCC)制定的 IPCC 清单指南,为世界各国提供温室气体排放清单编制的方法学依据;清洁发展机制(clean development mechanism,CDM)项目方法学以及中国核证减排量(Chinese certified emission reduction,CCER)项目方法学则通过计算和比较基线情景与项目情景下温室气体排放量,为估算具体项目活动的减排情况提供了详细的方法工具;通过监测、报告、核查(monitoring,reporting and verification,MRV)体系保障准确可靠的碳排放数据。另外,生命周期评价(life cycle assessment,LCA)方法在研究与分析沼气工程从"原料处理—沼气燃烧—沼液沼渣利用"全过程的环境效应中被广泛使用。

1) IPCC 清单方法学

1992 年,联合国环境与发展大会通过了《联合国气候变化框架公约》(United Nations framework convention on climate change,

UNFCCC),简称《公约》,要求所有缔约方采用缔约方大会议定的可比方法,定期编制并提交所有温室气体人为源排放量和吸收量国家清单。《公约》自 1994 年 3 月 21 日正式生效,成为全球应对气候变化问题上进行国际合作的一个基本框架。

IPCC 的一项重要活动是通过其在国家温室气体清单方法方面的工作为 UNFCCC 提供支持。IPCC 的清单方法学指南已成为世界各国编制国家清单的技术规范(不同国家会在 IPCC 清单指南的基础上根据国情略有调整)。指南可协助各国编制完整的国家温室气体清单,估算中的不确定性视国情而定,在切实可行的范围内减少不确定性。IPCC 清单指南已更新多个版本,最新为 2019 年修订版,使用时需结合 2006 版本。

IPCC 编制的温室气体主要排放源来自能源、工业生产过程、农业农村、土地利用变化和林业及生物废弃物。IPCC 温室气体清单估算的基本方法是(白洁瑞等,2011;陈廷贵等,2018):

$$排放 = AD \times EF \tag{A-1}$$

式中,AD(活动水平)表示人类活动发生程度;EF(排放因子)表示量化活动产生的排放系数。

在农业农村沼气工程领域,IPCC 方法学中在第四卷第十章提供了估算畜禽粪便管理系统沼气工程温室气体排放的方法和缺省值,并给出沼气工程泄露排放的计算方法。同时 IPCC 强调使用反映国情的本国参数,鼓励使用高层级的方法。根据详细程度的不同,碳排放的估算方法可以分为 TIER1、TIER2 和 TIER3 三个层级。从 TIER1 到 TIER3 准确性和精度不断提高(图 A-1)。

2）CDM 项目方法学

1997 年,《京都议定书》达成,对减排温室气体的种类、主要发达国家的减排时间表和额度等做出了具体规定,使温室气体减排成为发达国家的法律义务。

图 A-1 IPCC 不同方法层级的准确性、精准度

清洁发展机制(CDM)是《京都议定书》为发达国家温室气体排放提供的一种灵活的减排机制。在 CDM 机制下,发达国家通过提供资金和技术的方式,与发展中国家开展项目级的合作,通过项目所实现的核证减排量(certified emission reduction,CER),用于发达国家缔约方完成减少本国二氧化碳等温室气体排放的承诺。一单位 CER 等同于 1t CO_2 当量,计算 CER 时采用全球变暖潜力系数(global warming potential,GWP),见表 A-1,把非二氧化碳气体的温室效应转化为等同效应的二氧化碳量。CDM 项目方法学为审查 CDM 项目合格性以及估算、计算项目减排量提供了技术标准和基础。

CDM 方法学包括基准线方法学和监测方法学。基准线方法学是确定基准线情景、项目额外性、计算项目减排量的方法依据;监测方法学是确定计算基准线排放、项目排放、泄漏所需监测的数据、信息和相关的方法。CDM 方法学应用主要涉及基准线确定、额外性评价、项目边界界定、泄漏估算、减排量计算、监测计划等方面的内容。CDM 方法中,减排量计算如式(A-2):

$$减排量 = 基准线排放 - 项目排放 - 泄漏 \qquad (A-2)$$

表 A-1 温室气体全球变暖潜力系数

气体名称	特定时间跨度的全球变暖潜能系数（GWP）		
	20 年	100 年	500 年
二氧化碳	1	1	1
甲烷	72	25	7.6
一氧化氮	275	296	156
一氧化二氮（氧化亚氮）	289	298	153
二氯二氟甲烷	11000	10900	5200
二氟一氯甲烷	5160	1810	549
六氟化硫	16300	22800	32600
三氟甲烷	9400	12000	10000
四氟乙烷	3300	1300	400

注：参考（陈婷婷等，2007）。

如图 A-2 所示，在使用 CDM 方法学进行评估时，通常设定畜禽养殖沼气工程的基线条件为氧化塘处理或未经处理直接排放的温室气体。在核算时通常会核减甲烷泄漏、能源投入（电力消耗）、沼液储存等关键环节导致的温室气体排放，考虑沼气工程产生的清洁能源（以甲烷、电能、热电联产等方式产出）替代化石燃料消耗所产生的减排潜力，综合评价沼气工程温室气体减排潜力。

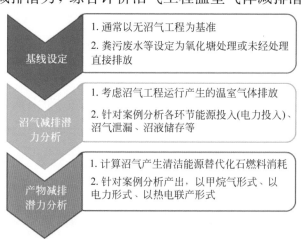

图 A-2 清洁发展机制（CDM）方法学评估沼气工程温室气体减排效益

需要注意的是,在沼气工程 CDM 项目开发过程中,有时单一的项目方法学不能满足整个项目的需求,需要多个 CDM 项目方法学综合利用,才能最大限度发掘项目的减排潜力。例如,养殖场沼气工程项目,往往涉及粪便管理、甲烷回收供热、发电上网等,这就需要 CDM 项目方法学中,AMS. III. D(动物粪便管理系统甲烷回收)、AMS. I. C(用户使用的热能,可包括或不包括电能)、AMS. I. D(联网的可再生能源发电)等方法学同时使用。

目前,CDM 项目方法学分类及获批情况如下:①大规模 CDM 项目活动方法(已批准 91 个大规模方法和 25 个综合方法);②小规模 CDM 项目活动方法(已批准 100 个小规模方法);③大规模造林和再造林 CDM 项目活动方法(已批准 1 个大规模方法和 1 个综合方法);④小规模造林和再造林 CDM 项目活动方法(已批准 2 个小规模方法);⑤碳捕获和储存项目活动方法。为了方便用户查找使用合适的方法学,UNFCCC 编制了 CDM 方法学手册(CDM methodology booklet),对现有的所有 CDM 方法学进行了分类与概括,在 CDM 官方网站用户也可获得相关方法学的完整资料信息。

3)CCER 项目方法学

我国碳排放权交易市场有两类基础产品,一类为政策制定者初始分配给企业的减排量(即配额);另一类就是通过实施项目削减温室气体而获得的减排凭证,即国家核证自愿减排量(CCER)。CCER 依据《温室气体自愿减排交易管理暂行办法》计算,采取备案管理。每个 CCER 项目备案,必须符合特定的经国家发改委备案的方法学,用于确定项目基准线、论证额外性、计算减排量和制定监测计划等。

2013 年,我国国家发展改革委改革办公厅,根据《温室气体自愿减排交易管理暂行办法》,对当时联合国清洁发展机制理事会已经批准的 CDM 方法学进行了评估，首先选择使用频率较高，在国内适用性较好的 52 个方法学转化成适用于国内自愿减排交易的方法学，作为我国温室气体自愿减排方法学第 1 批予以备案，此后又陆续公布了 11 批，截至 2016 年 11 月，国家发展改革委累计备案 200 个温室气体自愿减排方法学，其中 173 个是由 CDM 方法学转化而来，另外 27 个是新开发的方法学。从 2017 年 3 月起，国家暂停对 CCER 项目、方法学等相关备案申请。

中国沼气工程行业温室气体排放清单目前并未出台，在我国已备案的 CCER 项目方法学目录中，沼气工程行业开发 CCER 项目所涉及的方法学主要围绕畜禽养殖粪便管理、废水处理以及甲烷回收或沼气利用等方面。表 A-2 将目前我国备案的沼气工程项目相关方法学做了总结。

表 A-2　沼气工程项目相关方法学备案清单

序号	CDM 方法学编号	自愿减排方法学编号	中文名	翻译版本	备注
1	AMS-III. AO	CMS-016-V01	通过可控厌氧分解进行甲烷回收	1.0	温室气体自愿减排方法学（第1批）备案清单
2	AMS-III. D	CMS-021-V01	动物粪便管理系统甲烷回收	19.0	
3	AMS-III. R	CMS-026-V01	家庭或小农场农业活动甲烷回收	3.0	
4	ACM0014	CM-007-V01	工业废水处理过程中温室气体减排	5.0.0	
5	AMS-I. C	CMS-001-V01	用户使用的热能可包括或不包括电能	19.0	
6	AMS-I. D	CMS-002-V01	联网的可再生能源发电	17.0	

续表

序号	CDM 方法学编号	自愿减排方法学编号	中文名	翻译版本	备注
7	ACM0010	CM-090-V01	粪便管理系统中的温室气体减排	2.0.0	温室气体自愿减排方法学（第3批）备案清单
8	AM0073	CM-086-V01	通过将多个地点的粪便收集后进行集中处理减排温室气体	1.0	
9	AMS-I. I	CMS-063-V01	家庭/小型用户应用沼气/生物质产热	4.0	温室气体自愿减排方法学（第3批）备案清单-小型项目
10	AMS-III. Y.	CMS-074-V01	从污水或粪便处理系统中分离固体避免甲烷排放	3.0	
11	S-III. H.	CMS-076-V01	废水处理中的甲烷回收	16.0	
12	S-III. O.	CMS-078-V01	使用从沼气中提取的甲烷制氢	1.0	
13	—	CM-107-V01	利用粪便管理系统产生的沼气制取并利用生物天然气温室气体减排方法学	—	温室气体自愿减排方法学（第11批）备案清单

4）MRV 体系

在"巴厘路线图"谈判授权下,确立了 MRV 的具体规则:对于发达国家支持发展中国家减缓气候变化的国家行动提出了达到可监测、可报告、可核查的要求(陈迎,2021)。可监测要求明确监测对象、方式以及认知监测局限性,即根据已建立的标准,尽可能地以准确、客观的概念描述该现象。可报告性涵盖报告的主体、内容、方式、周期等。可核查性的核心内容是核查主体和核查条件，核查的主体有自我核查和第三方核查，核查的条件则取决于信息的来源和类型，可核查性和可监测性一样，可以通过直接的观察或间接的引导完成。报告在搜集温室气体排放量信息的同时，对减排具有一定的鼓励作用；核查有助于保障数据的准确性，有利于企业参与碳交易市场的公平性。

中国 MRV 处于起步阶段，碳交易试点地区实施良好。2020年《全国碳排放权交易管理办法（试行）》颁布，进一步规范 MRV。各试点基本覆盖报告、监测和核查覆盖还不够全面。核查资金投入主要有政府和市场两种方式，市场化是未来趋势。

5）LCA 评价方法

按照国际标准化定义，生命周期评价是"对一个产品系统的生命周期中输入、输出及其潜在环境影响的汇编和评价"，LCA 强调贯穿于从获取原材料、生产、使用、生命末期的处理、循环和最终处置（即从摇篮到坟墓）的产品生命周期的环境因素和潜在的环境影响。

LCA 研究分为 4 个阶段：

（1）目的和范围点的确定；

（2）清单分析；

（3）影响评价；

（4）解释。

如图 A-3 所示，沼气工程项目在使用 LCA 法进行评估时，通常不设定基线条件而分析工程的"净"减排潜力，即分析工程运行时甲烷泄露、能源投入等环节产生的排放与沼气工程产出清洁能源替代化石燃料消耗的减排潜力。此外有研究在上述环节外,还核算了沼气工程沼液沼渣替代化学肥料所产生的温室气体减排量。总体而言,相关研究几乎均为案例分析针对各自的工程实际运行情况进行温室气体减排量核算,因此评估结果难以横向对比。但研究结果均表明使用各类厌氧发酵项目(如户用沼气池、规模化沼气工程等)处理农业农村生物废弃物(如禽畜粪污、农作物秸秆、农村生活垃圾、食品加工厂生物废弃物等)均可以实现温室气体的减排。

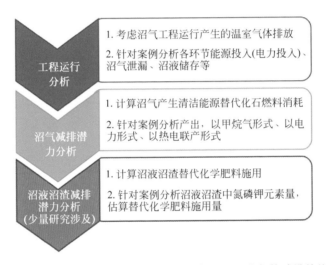

图 A-3　生命周期评价(LCA)法评估沼气工程温室气体减排效益

2. 沼气工程温室气体减排

现有研究中,沼气工程的温室气体减排潜力评估主要通过 CDM 和 LCA 两类方法学进行计算。表 A-3 对不同情景下沼气工程温室气体排放与测算方法进行了汇总。

表 A-3 沼气工程温室气体排放与测算方法

情景	原料消耗量	年产气量	年温室气体减排	测算方法	参考文献
规模化猪场沼气工程	年 11 万 t 粪尿，4.6t 冲洗水	394 万 m³ 沼气	49193t CO₂ 当量	①基线：厌氧氧化塘粪便处理；②CDM 核算方法，计算了能源投入、沼气泄漏；③减排量来源，改变类粪便管理避免甲烷排放，沼气发电避免化石燃料燃烧	李玉娥等，2009
	—	11.68 万~65.7 万 m³ 沼气	339.07~1356.29t CO₂ 当量	①基线：养殖类污未经处理的排放量；②CDM 核算方法，计算了基准线排放量、工程运营排放量、类污储存排放量、泄漏排放量等；③减排量来源，利用类便发酵产生清洁能源，减少化石燃料的甲烷排放	陈廷贵等，2018
规模化牛场沼气工程	日 72t 固体粪便，400t 液体尿液	394 万 m³ 甲烷	38411t CO₂ 当量	①基线：养殖场未经处理的污水、类便等导致的温室气体排放；②CDM 核算方法，计算了甲烷回收发电减排量，甲烷发电机排热减排量等；③减排量来源，甲烷回收减排量，甲烷发电机排热减排量，回收发电减排量	陈婷婷等，2007

情景	原料消耗量	年产气量	年温室气体减排	测算方法	参考文献
	年6.83万t粪污	87.6万t沼气	7542.1t CO_2当量	①基线：开放厌氧塘处理；②CDM核算方法，计算了基准线排放量，泄漏量来源、电力消耗排放量等；③减排量来源，利用粪便发酵产生清洁能源，减少化石燃料的甲烷排放，粪污管理避免甲烷排放	郭菲等，2010
	年4400kg牛粪污	2200m³沼气	9.7t CO_2当量	计算碳的流动模型，核算沼气产出（替代煤油和木材），沼渣肥料化的替代化肥，核减甲烷泄漏	Pathak H et al.,2009
规模化牛场沼气工程	年15330t粪污（鸡、猪、牛）	92万m³沼气	12414.788t CO_2当量	①基线：无沼气工程时，原始粪污处理的排放和传统居民炊事用化石燃料排放，计算了基线排放量，项目活动排放量；②CDM核算方法，计算了基线排放量等；③减排量来源，利用粪便发酵产生清洁能源，减少化石燃料的甲烷排放，粪污管理避免甲烷排放	赵立祥等，2009
	日40kg粪污	—	1400.78kgCO_2当量	LCA法估算建设、运行、沼气利用、沼渣利用等环节	Haryanto A et al.,2019

155

续表

情景	原料消耗量	年产气量	年温室气体减排	测算方法	参考文献
秸秆集中气中供气工程	年 3924t 青储秸秆,含水率 60%	48.54 万 m³ 甲烷	5582.03t CO_2 当量	①基线:无秸秆沼气工程时,秸秆无控燃烧或腐烂,传统农户炊事用能和化肥生产排放;②自愿减排项目方法学及 CDM 方法学,计算了基准线排放量,项目排放量,项目泄漏排放量等;③减排量来源,秸秆燃烧排放量,秸秆燃烧排放量,化肥生产排放量	王磊等,2017
	年 160t 秸秆	9 万 m³ 甲烷	8605t CO_2 当量	①基线:秸秆无控燃烧;②计算了基准线和项目排放;③减排来源:秸秆被焚烧产生的排放,沼气代替煤炭减少的排放	白洁瑞等,2011
	猪粪:秸秆:蔬菜生物废弃物为 100:20:1(TS)	容积产气量 1.22m³/(m³·d)	303t CO_2 当量	以猪粪开放厌氧池,垃圾填埋场和玉米秸秆非控制燃烧为基准	Xuemei et al.,2020

附录 B 沼气或生物天然气案例统计表

序号	地区	运行年份	项目名称	厌氧发酵罐容积/m³	设计产能/(m³/d)
1	山东省烟台市	2009	山东省烟台市民和 3MW 特大型鸡粪沼气发电工程	24000	18000～19500
2	陕西省延安市	2017	农业农村部梁家河沼气示范工程	280	115.2
3	江苏省大丰市	2015	江苏省大丰市畜禽粪污集中处理综合利用项目	14000	12000
4	河北省张家口市	2016	河北省张家口市塞北现代牧场大型粪污处理循环经济项目	28000	10530
5	黑龙江省齐齐哈尔市	2016	黑龙江省富裕县繁荣生物质沼气工程	20000	12000～13200
6	内蒙古赤峰市	2013	内蒙古赤峰市特大型秸秆生物燃气工程	60000	30000
7	山东省肥城市	2017	山东省肥城市畜禽污染物治理与综合利用项目	5600	5000
8	江西省新余市	2017	江西省新余市 N2N 区域沼气生态循环农业技术模式	20010	13200
9	江苏省徐州市	2019	江苏省沛县生物废弃物利用中心项目	40000	19160
10	黑龙江省大庆市	2020	黑龙江省林甸畜禽养殖生物废弃物资源化利用项目	9000	11600

续表

序号	地区	运行年份	项目名称	厌氧发酵罐容积/m³	设计产能/(m³/d)
11	湖北省宜城市	2015	湖北省宜城市规模化生物燃气工程项目	17184	15000
12	山西省晋城市	2014	山西省晋城市城乡多元废物联合厌氧发酵沼气工程	20000	22000～24000

附录 C 沼气或生物天然气标准统计表

序号	标准编号	标准名称	备注
1	NB/T 10136—2019	生物天然气产品质量标准	国家能源局能源行业标准
2	ISO 20675—2018	沼气 沼气的生产、调节、升级和利用 术语、定义和分类方案	国际标准
3	NY/T 1220.1—2019	沼气工程技术规范 第1部分：工程设计	替代 NY/T 1220.1—2006
4	NY/T 1220.2—2019	沼气工程技术规范 第2部分：输配系统设计	替代 NY/T 1220.2—2006
5	NY/T 1220.3—2019	沼气工程技术规范 第3部分：施工及验收	替代 NY/T 1220.3—2006
6	NY/T 1220.4—2019	沼气工程技术规范 第4部分：运行管理	替代 NY/T 1220.4—2006
7	NY/T 1220.5—2019	沼气工程技术规范 第5部分：质量评价	替代 NY/T 1220.5—2006
8	NY/T 1220.6—2014	沼气工程技术规范 第6部分：安全使用	农业行业标准
9	GB/T 51063—2014	大中型沼气工程技术规范	国家标准
10	NY/T 3612—2020	序批式厌氧干发酵沼气工程设计规范	农业行业标准
11	NY/T 2599—2014	规模化畜禽养殖场沼气工程验收规范	农业行业标准

序号	标准编号	标准名称	备　注
12	NY/T 2600—2014	规模化畜禽养殖场沼气工程设备选型技术规范	农业行业标准
13	NY/T 2142—2012	秸秆沼气工程工艺设计规范	农业行业标准
14	NY/T 2141—2012	秸秆沼气工程施工操作规程	农业行业标准
15	NY/T 1221—2006	规模化畜禽养殖场沼气工程运行、维护及其安全技术规程	农业行业标准
16	NY/T 1222—2006	规模化畜禽养殖场沼气工程设计规范	农业行业标准

注：国标1项、农业13项、能源1项、国际标准1项，合计16项。

附录 D "十三五""十四五"国家层面沼气和生物天然气相关政策

政策名称	来源部门	颁布时间
关于印发《2021 年生物质发电项目建设工作方案》的通知 发改能源〔2021〕1190 号	国家发展改革委	2021.8.11
关于印发"十四五"循环经济发展规划的通知 发改环资〔2021〕969 号	国家发展改革委	2021.7.1
中华人民共和国乡村振兴促进法	第 13 届全国人民代表大会常务委员会第 28 次会议	2021.4.29
关于"十四五"大宗固体废弃物综合利用的指导意见 发改环资〔2021〕381 号	国家发展改革委	2021.3.18
农业农村部办公厅、国家卫生健康委办公厅、生态环境部办公厅关于印发《农村厕所粪污无害化处理与资源化利用指南》和《农村厕所粪污处理及资源化利用典型模式》的通知	农业农村部办公厅	2020.7.14
关于印发《完善生物质发电项目建设运行的实施方案》的通知 发改能源〔2020〕1421 号	国家发展改革委、财政部、国家能源局	2020.9.11
农业农村部、财政部发布 2020 年重点强农惠农政策	农业农村部办公厅	2020.7.13
农业农村部办公厅、财政部办公厅关于做好 2020 年畜禽粪污资源化利用工作的通知 农办牧〔2020〕32 号	农业农村部办公厅	2020.7.3

政策名称	来源部门	颁布时间
农业农村部办公厅、生态环境部办公厅关于促进畜禽粪污还田利用依法加强养殖污染治理的指导意见 农办牧〔2019〕84 号	农业农村部办公厅、生态环境部办公厅	2019.12.19
农业农村部办公厅、生态环境部办公厅关于进一步明确畜禽粪污还田利用要求 强化养殖污染监管的通知农办牧〔2020〕23 号	农业农村部办公厅	2020.6.4
农业农村部办公厅关于印发《社会资本投资农业农村指引》的通知 农办计财〔2020〕11 号	农业农村部办公厅	2020.4.13
农业农村部办公厅关于印发《2020 年农业农村科教环能工作要点》的通知 农办科〔2020〕4 号	农业农村部办公厅	2020.2.23
关于促进生物天然气产业化发展的指导意见 发改能源规〔2019〕1895 号	国家发展改革委	2019.12.4
中共中央办公厅、国务院办公厅印发《关于创新体制机制推进农业绿色发展的意见》	中共中央办公厅、国务院办公厅	2017.9.30
2019 年国家强农惠农富农政策措施	农业农村部办公厅	2019.6.19
农业农村部、财政部关于做好 2019 年畜禽粪污资源化利用项目实施工作的通知 农牧发〔2019〕14 号	农业农村部办公厅	2019.4.24
农业农村部、财政部发布 2019 年重点强农惠农政策	农业农村部	2019.4.22
农业农村部办公厅关于印发畜禽养殖废弃物资源化利用 2019 年工作要点的通知 农办牧〔2019〕33 号	农业农村部办公厅	2019.3.25
农业农村部办公厅关于印发《2019 年农业农村科教环能工作要点》的通知 农办科〔2019〕9 号	农业农村部办公厅	2019.2.15

续表

政策名称	来源部门	颁布时间
国务院办公厅关于印发"无废城市"建设试点工作方案的通知 国办发〔2018〕128号	国务院办公厅	2018.12.29
农业农村部办公厅关于做好农村沼气设施安全处置工作的通知 农办科〔2019〕2号	农业农村部办公厅	2019.1.2
"无废城市"建设试点工作方案	国务院办公厅	2018.12.29
农业农村部办公厅关于加快推进畜禽粪污资源化利用机具试验鉴定有关工作的通知 农办机〔2018〕29号	农业农村部办公厅	2018.12.27
中央农办、农业农村部、国家卫生健康委、住房城乡建设部文化和旅游部 国家发展改革委、财政部、生态环境部关于推进农村"厕所革命"专项行动的指导意见 农社发〔2018〕2号	农业农村部办公厅	2018.12.25
生态环境部、农业农村部关于印发农业农村污染治理攻坚战行动计划的通知 环土壤〔2018〕143号	生态环境部	2018.11.6
中共中央国务院印发《乡村振兴战略规划（2018—2022年）》	中共中央、国务院	2018.9.26
农业农村部关于切实做好大型规模养殖场畜禽粪污资源化利用工作的通知 农牧发〔2018〕8号	农业农村部	2018.9.5
农业农村部办公厅关于公布第二批全国农产品及加工副产物综合利用典型模式目录的通知	农业农村部	2018.9.20
农业农村部关于印发《农业绿色发展技术导则（2018—2030年）》的通知 农科教发〔2018〕3号	农业农村部	2018.7.2
国务院关于印发打赢蓝天保卫战三年行动计划的通知 国发〔2018〕22号	国务院	2018.6.27

政策名称	来源部门	颁布时间
住房城乡建设部、生态环境部、水利部、农业农村部关于做好非正规垃圾堆放点排查和整治工作的通知	农业农村部	2018.6.1
农业农村部办公厅、生态环境部办公厅关于印发《2017 年度畜禽养殖废弃物资源化利用工作考核实施方案》的通知	农业农村部	2018.5.18
农业农村部 财政部关于做好 2018 年畜禽粪污资源化利用项目实施工作的通知 农牧发〔2018〕6 号	农业农村部、财政部	2018.5.11
农业农村部办公厅关于印发《农垦农业绿色优质高效技术模式提升行动方案》的通知 农办垦〔2018〕7 号	农业农村部农垦局	2018.5.7
农业部、环境保护部关于印发《畜禽养殖废弃物资源化利用工作考核办法（试行）》的通知 农牧发〔2018〕4 号	农业部、环境保护部	2018.3.8
农业部办公厅关于印发《2018 年农业科教环能工作要点》的通知	农业部办公厅	2018.2.8
国家发展改革委会同农业部下达畜禽粪污资源化利用工程等专项 2018 年中央预算内投资计划	农业农村部	2018.2.6
农业部关于畜禽养殖废弃物资源化利用联合督导情况的通报 农牧发〔2018〕2 号	农业部	2018.1.25
国家能源局关于开展"百个城镇"生物质热电联产县域清洁供热示范项目建设的通知 国能发新能〔2018〕8 号	国家能源局	2018.1.19
农业部关于大力实施乡村振兴战略加快推进农业转型升级的意见	农业部	2018.2.19
农业部办公厅关于印发《畜禽规模养殖场粪污资源化利用设施建设规范（试行）》的通知 农办牧〔2018〕2 号	农业部办公厅	2018.1.5

续表

政策名称	来源部门	颁布时间
农业部办公厅关于做好 2017 年全国农村可再生能源和农业资源环境统计工作的通知 农办科〔2017〕48 号	农业部办公厅	2017.12.28
国家发展改革委、国家能源局联合发布关于《促进生物质能供热发展的指导意见》发改能源〔2017〕2123 号	国家发展改革委、国家能源局	2017.12.6
关于印发北方地区冬季清洁取暖规划（2017—2021 年）的通知 发改能源〔2017〕2100 号	国家发展改革委	2017.12.5
中华人民共和国节约能源法		2017.11.3
中共中央办公厅国务院办公厅印发《关于创新体制机制推进农业绿色发展的意见》	农业农村部办公厅	2017.10.19
关于创新体制机制推进农业绿色发展的意见	国务院办公厅	2017.9.30
农业部关于印发《种养结合循环农业示范工程建设规划（2017—2020 年）》的通知	农业农村部办公厅	2017.9.20
农业部关于印发《畜禽粪污资源化利用行动方案（2017—2020 年）》的通知	农业农村部办公厅	2017.8.20
农业部办公厅关于推介 2017 年农业主推技术的通知	农业农村部办公厅	2017.6.20
农业部办公厅关于印发 2017 年推进北方农牧交错带农业结构调整工作方案的通知 农办计〔2017〕31 号	农业农村部办公厅	2017.6.7
财政部农业部关于深入推进农业领域政府和社会资本合作的实施意见	农业农村部办公厅	2017.6.7
国务院办公厅关于加快推进畜禽养殖废弃物资源化利用的意见 国办发〔2017〕48 号	国务院办公厅	2017.5.31
农业部办公厅关于推介发布秸秆农用十大模式的通知	农业农村部办公厅	2017.5.20

165

政策名称	来源部门	颁布时间
农业部办公厅关于印发《重点流域农业面源污染综合治理示范工程建设规划(2016—2020年)》的通知	农业农村部办公厅	2017.4.20
农业部办公厅关于印发《重点流域农业面源污染综合治理示范工程建设规划(2016—2020年)》的通知	农业部	2017.3.31
国务院办公厅关于转发国家发展改革委住房城乡建设部生活垃圾分类制度实施方案的通知 国办发〔2017〕26号	国务院办公厅	2017.3.18
国家发展改革委办公厅 农业部办公厅关于申报2017年规模化大型沼气工程中央预算内投资计划的通知 发改办农经〔2016〕2367号	农业农村部办公厅	2016.11.9
农业部关于推进农业供给侧结构性改革的实施意见	农业农村部办公厅	2017.2.20
中共中央、国务院关于深入推进农业供给侧结构性改革加快培育农业农村发展新动能的若干意见	农业农村部办公厅	2017.2.20
农业部关于印发《开展果菜茶有机肥替代化肥行动方案》的通知	中共中央国务院	2016.12.31
农业部关于2017年西北地区农业科学观测实验站建设项目可行性研究报告的批复 农计发〔2017〕17号	农业农村部办公厅	2017.2.13
农业部关于推进农业供给侧结构性改革的实施意见 农发〔2017〕1号	农业农村部办公厅	2017.1.26
国家发展改革委、农业部印发《全国农村沼气发展"十三五"规划》发改农经〔2017〕178号	国家发展改革委、农业部	2017.1.25
农业部印发通知要求认真贯彻落实习近平总书记重要讲话精神加快推进畜禽粪污处理和资源化工作	农业农村部办公厅	2017.1.20

续表

政策名称	来源部门	颁布时间
农业部关于认真贯彻落实习近平总书记重要讲话精神加快推进畜禽粪污处理和资源化工作的通知 农牧发〔2017〕1号	农业农村部办公厅	2017.1.13
国务院关于印发"十三五"节能减排综合工作方案的通知 国发〔2016〕74号	国务院办公厅	2016.12.20
国家发展改革委 国家能源局关于印发《能源生产和消费革命战略(2016—2030)》的通知 发改基础〔2016〕2795号	国家发展改革委、国家能源局	2016.12.29
农业部关于中国农业科学院农业环境与可持续发展研究所顺义试验基地等10个建设项目可行性研究报告的批复 农计发〔2016〕101号	农业农村部办公厅	2016.12.23
农业部关于北方农牧交错带农业结构调整的指导意见 农计发〔2016〕96号	农业农村部办公厅	2016.11.21
国家能源局关于印发《生物质能发展"十三五"规划》的通知 国能新能〔2016〕291号	国家能源局	2016.10.28
国务院关于印发全国农业现代化规划(2016—2020年)的通知 国发〔2016〕58号	国务院	2016.10.17
关于印发农业综合开发区域生态循环农业项目指引(2017—2020年)的通知 农办计〔2016〕93号	农业农村部办公厅	2016.9.26
农业部关于加大贫困地区项目资金倾斜支持力度 促进特色产业精准扶贫的意见 农计发〔2016〕94号	农业农村部办公厅	2016.9.1
关于印发《关于推进农业废弃物资源化利用试点的方案》的通知 农计发〔2016〕90号	农业农村部办公厅	2016.8.11

政策名称	来源部门	颁布时间
农业部办公厅 财政部办公厅关于开展农作物秸秆综合利用试点 促进耕地质量提升工作的通知 农办财〔2016〕39 号	农业农村部办公厅	2016.5.30
农业行业扶贫开发规划(2011—2020年)	农业农村部办公厅	2013.2.4
农业部办公厅关于印发畜牧业绿色发展示范县创建活动方案和考核办法的通知 农办牧〔2016〕17 号	农业农村部办公厅	2016.4.14
2016 年国家落实发展新理念加快农业现代化、促进农民持续增收政策措施	农业农村部办公厅	2016.3.30
中华人民共和国国民经济和社会发展第十三个五年规划纲要		2016.3.17
关于"十三五"期间实施新一轮农村电网改造升级工程意见的通知 国办发〔2016〕9 号	国家发展改革委	2016.2.16
农业部关于印发《西北旱区农牧业可持续发展规划(2016—2020 年)》的通知	农业部	2016.1.28
中共中央国务院关于落实发展新理念加快农业现代化、实现全面小康目标的若干意见	农业农村部办公厅	2016.1.28
农业部关于扎实做好 2016 年农业农村经济工作的意见 农发〔2016〕1 号	农业农村部办公厅	2016.1.18

附录 E 畜禽粪污沼气气化利用温室气体减排量核算

与背景情景相比,畜禽养殖粪污沼气气化利用温室气体减排量核算公式如下:

$$BER = BGDE - BGSE \quad\cdots\cdots\cdots (E-1)$$

$$BGSE = EE + PE + HE \times MCF \times GWP_{CH_4} + E_{N_2O} \times GWP_{N_2O} \quad\cdots\cdots (E-2)$$

$$EE = M \times c \times \eta \times EF_e \times 10^{-3} \quad\cdots\cdots (E-3)$$

$$HE = M \times c \times VS \times B_0 \times 0.67 \quad\cdots\cdots (E-4)$$

$$E_{N_2O} = M \times c \times a_1 \times (EF_3 + EF_4 \times Frac_G + EF_5 \times Frac_L) \times \frac{28}{44} \quad\cdots\cdots (E-5)$$

$$BGED = EE' + PE' + HE \times MCF' \times GWP_{CH_4} + E'_{N_2O} \times GWP_{N_2O} + CF_1 + CF_2 \quad\cdots\cdots (E-6)$$

$$EE' = M \times c \times \eta' \times EF_e \times 10^{-3} \quad\cdots\cdots (E-7)$$

$$E'_{N_2O} = M \times c \times a_1 \times \left[\sum_{i=1}^{n} (EF_{3,i} + EF_{4,i} \times Frac_{G,i} + EF_{5,i} \times Frac_{L,i}) \times AWMS_i \right] \times \frac{28}{44} \quad\cdots\cdots (E-8)$$

$$CF_1 = (ME - ME') \times \beta \quad\cdots\cdots (E-9)$$

$$ME = M \times c \times e \times 0.67 \quad\cdots\cdots (E-10)$$

$$ME' = M \times c \times \gamma \times e \times 0.67 \quad \cdots\cdots\cdots\cdots\cdots \quad (E\text{-}11)$$

$$CF_2 = (N-N') \times EF_N + (P-P') \times EF_P +$$

$$(K-K') \times EF_K \quad \cdots\cdots\cdots\cdots\cdots\cdots \quad (E\text{-}12)$$

$$N = M \times c \times a_1 \times (1-F) \quad \cdots\cdots\cdots\cdots\cdots\cdots \quad (E\text{-}13)$$

$$N' = M \times c \times a_1 \times \left(1 - \sum_{i=1}^{n} F_i \times AWMS_i\right) \quad \cdots\cdots\cdots \quad (E\text{-}14)$$

式中，BER 为畜禽粪污沼气化利用温室气体减排量，单位为 t CO_2 当量；BGDE 为背景（基线情景）温室气体排放量，单位为 t CO_2 当量；BGSE 为粪污沼气化处理相关温室气体排放量，单位为 t CO_2 当量；EE 为养殖粪污沼气工程处理全过程电力消耗的温室气体排放，单位为 t CO_2；PE 为养殖粪污沼气工程处理全过程燃油消耗的温室气体排放，单位为 t CO_2，本书认为各情景粪污收运油耗相同，减排量核算时简化 PE，不专门计算；HE 为畜禽粪污最大产甲烷潜力，单位为 t；MCF 为畜禽粪污在沼气工程处理过程的甲烷转化因子，单位为%，参考《2006 年 IPCC 国家温室气体清单指南 2019 修订版》（以下简称《IPCC 清单指南 2019》）取值；CWP_{CH_4} 为甲烷（CH_4）100 年时间尺度下的全球增温潜势，参考《IPCC 第五次评估报告》，取值为 28；E_{N_2O} 为沼气工程粪便管理过程氧化亚氮排放量，单位为 t；GWP_{N_2O} 为氧化亚氮（N_2O）100 年时间尺度下的全球增温潜势，参考《IPCC 第五次评估报告》，取值为 265；M 为畜禽粪污总干物质量，单位为 t；c 为粪污收集系数，单位为%；η 为沼气工程处理粪污的耗电系数，单位为 kW·h/tTS，实测数据或参考相关文献取值；EF_e 为电力排放因子，参考生态环境部发布的《企业温室气体排放核算方法与报告指南发电设施（2021 年修订版）》（征求意见稿），取值 0.5839t CO_2/(MW·h)；10^{-3} 为单位转换系数（kW·h 转换为 MW·h）；VS 为猪粪干物质中 VS 含量，以百分数形式表示，实测数据或参考相关文献取值；B_0 为畜禽粪便原料中单位 VS 的最大产甲烷潜力,单位为 $m^3CH_4/kgVS$,依据《IPCC 清单指南 2019》取值;0.67 为甲烷密度,单位为 kg/m^3;a_1 为畜禽粪便干物质中的含氮(N)量,实测数据或参考相关文献取值;EF_3 为原料的直接氧化亚氮排放因子,单位为 $t\ N_2O\text{-}N/t\ N$ 输入量,参考《IPCC 清单指南 2019》取值;EF_4 为原料的挥发 N 的 N_2O 转化因子,单位为 $t\ N_2O\text{-}N/t$ 挥发 N,参考《IPCC 清单指南 2019》取值;$Frac_G$ 为原料中挥发 N 占比情况,单位为 t 挥发-N/t N 输入量,参考《IPCC 清单指南 2019》取值;EF_5 为原料的溶淋径流 N 的 N_2O 转化因子,单位为 $t\ N_2O\text{-}N/t$ 溶淋径流 N,参考《IPCC 清单指南 2019》取值;$Frac_L$ 为原料中溶淋径流 N 占比情况,单位为 t 溶淋径流-N/t N 输入量,参考《IPCC 清单指南 2019》取值;28/44 转换系数(将 $N_2O\text{-}N$ 排放量转换为 N_2O 排放量);EE' 为背景情景下粪污处理全过程电力消耗的温室气体排放,单位为 $t\ CO_2$;PE' 为养殖粪污背景情景处理全过程油料消耗的温室气体排放,单位为 $t\ CO_2$,与 PE(项目情景)一致,简化不专门计算;MCF' 为背景情景处理时甲烷转化因子,以百分比表示,参考《IPCC 清单指南 2019》,取背景情景下,各种处理方式甲烷转化因子的加权平均值;E'_{N_2O} 为背景情景下粪便管理过程氧化亚氮排放量,单位为 t;CF_1 为背景情景下,与沼气工程甲烷回收获取同等热值时,对应的能源生产产生的温室气体排放量,单位为 $t\ CO_2$;CF_2 为背景情景下,与沼液沼渣还田获得同等肥料时,化肥生产的温室气体排放量,单位为 $t\ CO_2$;η' 为背景情景处理粪污的耗电系数,单位为 $kW \cdot h/tTS$,实测数据或参考相关文献取值;i 为粪便管理类型,参考《IPCC 清单指南 2019》分类(包括无盖氧化塘处理、堆肥处理、液体储存、每日施肥、放牧、风干、固体储存、沼气工程厌氧处理、垫料、燃烧、好氧处理等);$EF_{3,i}$ 为背景情景中第 i 种粪便管理方式的原料直接氧化亚氮排放因子,单位为 $t\ N_2O\text{-}N/t\ N$ 输入量,参考《IPCC 清单指南 2019》取值；$EF_{4,i}$ 为背景情景中第 i 种粪便管理方式的原料挥发 N 的 N_2O 转化因子,单位为 $t\ N_2O\text{-}N/t$ 挥发 N,参考《IPCC 清单指南 2019》取值；$Frac_{G,i}$ 为背景情景中第 i 种粪便管理方式的原料中挥发 N 占比情况,单位为 t 挥发-N/t N 输入量,参考《IPCC 清单指南 2019》取值；$EF_{5,i}$ 为背景情景中第 i 种粪便管理方式的原料溶淋径流 N 的 N_2O 转化因子,单位为 $t\ N_2O\text{-}N/t$ 溶淋径流 N,参考《IPCC 清单指南 2019》取值；$Frac_{L,i}$ 为背景情景中第 i 种粪便管理方式的原料中溶淋径流 N 占比情况,单位为 t 溶淋径流-N/t N 输入量,参考《IPCC 清单指南 2019》取值；$AWMS_i$ 为背景情景中,第 i 种粪便管理方式处理粪污的比例(VS 占比),以百分数形式表示,根据实际情况取值；ME 为项目情景(畜禽粪污全部沼气工程处理)回收的甲烷量,单位为 m^3；ME' 为背景情景回收的甲烷量,单位为 m^3；β 为与燃烧 $1m^3$ 生物甲烷相比,燃烧标煤获得同等热值时的温室气体排放量,单位为 $t\ CO_2/m^3$,根据《2006 年 IPCC 国家温室气体清单指南》热值分析,$1m^3$ 生物甲烷,替代标准煤约 1.152kg,按每吨标准煤燃烧排放温室气体 2.6637t CO_2(参考《省级温室气体清单编制指南(试行)》)计算,β 值为 $30.69 \times 10^{-4}\ t\ CO_2/m^3$；$e$ 为畜禽粪便在沼气工程处理时 TS 的工程产甲烷潜力,单位为 $m^3CH_4/kgTS$,本书测算时,目前取值为 $0.12m^3CH_4/kgTS$,2025 年、2030 年、2060 年分别取值 $0.15m^3CH_4/kgTS$、$0.18m^3CH_4/kgTS$、$0.18m^3CH_4/kgTS$；γ 为背景情景下以沼气工程处理的粪污 TS 占比,根据背景情况以百分数的形式表示；N、P、K 分别为项目情景下(全部沼气工程处理)沼渣还田替代氮肥(N)磷肥(P_2O_5)钾肥(K_2O)的质量,单位为 t；N'、P'、K' 分别为背景情景下粪肥替代氮肥(N)、磷肥(P_2O_5)、钾肥(K_2O)的质量,单位为 t；EF_N、EF_P、EF_K 分别为氮肥(N)、磷肥(P_2O_5)、钾肥

(K_2O)生产过程的 CO_2 排放系数，根据相关文献分别取值 8.21t CO_2/tN、0.64t CO_2/tP_2O_5、0.18t CO_2/tK_2O；F 为项目情景粪便管理过程的氮损失率（EF_3 ＋ $Frac_G$ ＋ $Frac_L$），根据不同处理方式，参考《IPCC 清单指南 2019》取值；F_i 为背景情景中第 i 种管理方式下粪便管理过程的氮损失率，单位为 t N 损失量/ t N 处理量，根据不同处理方式，参考《IPCC 清单指南 2019》取值。本书中认为无论是项目情景还是背景情景，畜禽粪污处理过程中的磷钾养分损失均忽略不计，粪污处理后粪肥还田磷肥（P_2O_5）和钾肥（K_2O）替代效益相同，即（P-P'）和（K-K'）均为 0，因此在化肥替代减排量核算时，仅需考虑不同处理方式下氮损失带来的温室气体排放差异。

依据上述公式，表 E-1 列出了含固率 10％的 100t 规模化养殖场猪粪在 14 种处理情景下的排放量，并在表 E-2 中列出了沼气工程处理情景下针对其他不同处理情景的减排量。

表 E-1 不同情景下处理 100t 猪粪（TS10%）温室气体排放情况核算　　　　t CO₂ 当量

情景编号	情景描述	耗电排放	CH₄ 排放	N₂O 排放	能源替代	养分替代	合计
1	全量沼气工程						
1.1	全量沼气工程 MCF10%	0.38	5.10	0.44	−3.68	−1.89	0.35
1.2	全量沼气工程 MCF 5%	0.38	2.55	0.25	−3.68	−2.25	−2.74
1.3	全量沼气工程 MCF 1%	0.38	0.51	0.13	−3.68	−2.49	−5.14
2	固液分离，80%固态＋20%液态						
2.11	固体储存＋液体氧化塘	0.02	8.68	1.52	−0.00	−1.50	8.73
2.12	固体储存＋液体储存	0.02	4.29	1.57	−0.00	−1.64	4.25
2.21	固体自然风干＋液体氧化塘	0.02	7.99	2.51	−0.00	−1.45	9.07
2.22	固体自然风干＋液体储存	0.02	3.60	2.56	−0.00	−1.59	4.59
2.31	固体堆肥＋液体氧化塘	0.71	7.86	1.37	−0.00	−1.05	8.90
2.32	固体堆肥＋液体储存	0.71	3.47	1.42	−0.00	−1.19	4.41
2.33	固体堆肥＋液体沼气工程 MCF10%	0.78	1.43	1.36	−0.74	−1.09	1.74
2.34	固体堆肥＋液体沼气工程 MCF5%	0.78	0.92	1.33	−0.74	−1.17	1.12
2.35	固体堆肥＋液体沼气工程 MCF1%	0.78	0.51	1.30	−0.74	−1.21	0.64
3	粪坑全量储存	0	15.32	0.55	−0.00	−2.00	13.86
4	氧化塘全量储存	0	37.28	0.48	−0.00	−1.65	36.11

注：① 粪便管理过程用电量估算，按照每处理 1t 粪污干物质，沼气工程耗电 65.25kW·h，堆肥耗电 150kW·h，固液分离处理 4kW·h，其余粪便管理方式不耗电。

② 养分替代减排量估算时，假设所有处理方式最终都能实现粪污还田利用。

表 E-2　不同情景下处理 100t 猪粪（TS10%）沼气工程温室气体减排核算

t CO_2 当量

基线\项目	1.1	1.2	1.3	2.11	2.12	2.21	2.22	2.31	2.32	2.33	2.34	2.35	3	4
1.1	0.00	3.09	5.50	−8.38	−3.89	−8.72	−4.23	−8.54	−4.06	−1.39	−0.77	−0.29	−13.51	−35.76
1.2	−3.09	0.00	2.40	−11.47	−6.99	−11.81	−7.33	−11.64	−7.15	−4.48	−3.87	−3.38	−16.60	−38.85
1.3	−5.50	−2.40	0.00	−13.87	−9.39	−14.21	−9.73	−14.04	−9.55	−6.89	−6.27	−5.79	−19.00	−41.26

注：基线情景和项目情景设置详见表 E-1"情景编号"及对应的"情景描述"。